Huangmei Lin

Entwicklung einer Prozesskette zur Umsetzung komplexer Geometrien in formgerechte 2D/3D Hybridgarn-Mehrlagengestricke für Faserkunststoffverbundanwendungen

TUDpress

Huangmei Lin

Entwicklung einer Prozesskette zur Umsetzung komplexer Geometrien in formgerechte 2D/3D Hybridgarn-Mehrlagengestricke für Faserkunststoffverbundanwendungen

TUD*press*
2015

Die vorliegende Arbeit wurde am 08. Dezember 2014 an der Fakultät Maschinenwesen der Technischen Universität Dresden als Dissertation eingereicht und am 21. April 2015 verteidigt.

Gutachter:
Prof. Dr.-Ing.habil. S. Krzywinski
Prof. Dr.-Ing. N. Modler

Bibliografische Information der Deutschen Nationalbibliothek
Die Deutsche Nationalbibliothek verzeichnet diese Publikation in der Deutschen Nationalbibliografie; detaillierte bibliografische Daten sind im Internet über http://dnb.d-nb.de abrufbar.

Bibliographic information published by the Deutsche Nationalbibliothek
The Deutsche Nationalbibliothek lists this publication in the Deutsche Nationalbibliografie; detailed bibliographic data are available in the Internet at http://dnb.d-nb.de.

ISBN 978-3-95908-015-6

Verlag der Wissenschaften GmbH
Bergstr. 70 | D-01069 Dresden
Tel.: 0351/47 96 97 20 | Fax: 0351/47 96 08 19
http://www.tudpress.de

Gesetzt vom Autor.
Printed in Germany.

Entwicklung einer Prozesskette zur Umsetzung komplexer Geometrien in formgerechte 2D/3D Hybridgarn-Mehrlagengestricke für Faserkunststoffverbundanwendungen

Von der Fakultät Maschinenwesen
der Technischen Universität Dresden

zur Erlangung des akademischen Grades
Doktoringenieur (Dr.-Ing.)
angenommene Dissertation von

M. Sc. Huangmei Lin
geboren am 14. Februar 1980 in Fujian, V.R. China

Gutachter:
Prof. Dr.-Ing.habil. S. Krzywinski
Prof. Dr.-Ing. N. Modler

Tag der Einreichung: 08.12.2014
Tag der Verteidigung: 21.04.2015

Danksagung

Die vorliegende Disserationsschrift entstand während meiner Tätigkeit als wissenschaftliche Mitarbeiterin am Institut für Textilmaschinen und Textile Hochleistungswerkstofftechnik (ITM) der Technischen Universität Dresden.

Mein ausdrücklich herzlicher Dank gilt meiner Betreuerin Frau Prof. Sybille Krzywinski für ihre umfassende fachliche Betreuung, die wichtigen Hinweise zur Lösung von Problemen und Fragestellungen und für ihre fortwährende Unterstützung und Ermutigung.

Herrn Prof. Hartmut Rödel danke ich für die Ermöglichung meiner Promotion und seine moralische Unterstützung.

Bedanken möchte ich mich bei Herrn Peter Klug und Herrn Dr. Christian Schulz für die hilfsbereite Unterstützung. Ebenso danke ich Herrn Wolfgang Trümper für die vielen hilfreichen Ratschläge und die zahlreiche Diskussionen zur stricktechnischen Preformherstellung. Herrn Mirko Krziwon danke ich für Hilfestellung bei der praktischen Arbeit an der Flachstrickenmaschine.

Ich bedanke mich bei allen Mitarbeiterinnen und Mitarbeitern des Instituts und bei meinen studentischen Helfern für die Unterstützung und Zusammenarbeit während meiner Promotionszeit am ITM.

Der Deutschen Forschungsgemeinschaft (DFG) danke ich für die wichtige Unterstützung der Forschungsarbeiten im Rahmen des Sonderforschungsbereiches 639 (SFB 639).

Frau Angelika Breinl und Herrn Uwe Pfeiffer danke ich herzlich für die mehrfache Durchsicht meines Manuskripts.

Abschließend bedanke ich mich bei meinem Ehemann Xing Li für sein Verständnis und seine Unterstützung.

Inhaltsverzeichnis

Kurzzeichenverzeichnis

Formelzeichen

a	Gesamte Gestrickbreite [Maschenanzahl]
b	Variable Gestrickbreite während des Nadelparkens [Maschenanzahl]
c	Maximale Maschenreihenanzahl beim Nadelparken
A	Anzahl der zur Formgebung benötigten Stricktechniken
A_{N}	Anzahl der Nadeln (pro Zoll)
K_{I}	Koeffizient für bmp-Export zur Erstellung des Strickprogramms
K_{II}	Koeffizient für bmp-Export zur Erstellung des Abzugsprogramms
K_{IIb}	Koeffizient (Breite) für bmp-Export
K_{IIh}	Koeffizient (Höhe) für bmp-Export
i	Wichtungsfaktor jedes Kriteriums zur Preformsherstellung
r	Radius
P_{Summe}	Bewertungspunkte gesamt
$P_{\mathrm{Kriterium}}$	Punkte je Bewertungskriterium
P_{FO}	Bewertung der erreichbaren Geometriegenauigkeit
P_{UM}	Bewertung der Umsetzbarkeit der benötigten Stricktechniken
P_{3D}	Bewertung der Fertigungsmöglichkeit in einem Arbeitsgang
P_{Stelle}	Bewertung der Stoß-/Überlappungsstellen
P_{NA}	Bewertung der Nacharbeit
P_{Fi}	Bewertung je anzuwendender Stricktechnik
P_{zb}	Pixelwert der Zellenbreite in *Excel*
P_{zh}	Pixelwert der Zellenhöhe in *Excel*
x	Lagenanzahl
x_i, y_j	x-, y-Koordinaten der Gestrickkontur
x_{ir}, y_{jr}	x-, y-Koordinaten der berechneten gestuften Kurve
φ	Winkel
ε_1	Axiale Dehnung bei der Zugprüfung
σ	Axiale Spannung bei der Zugprüfung
α	Scherwinkel

Abkürzungen

2D	zweidimensional
3D	dreidimensional
BG	Biaxialgestrick

bzw.	beziehungsweise
CAx	Computer-aided x
CAD	Computer-aided design
DC3D	*DesignConcept 3D*
DFG	Deutsche Forschungsgemeinschaft
E-Modul	Elastizitätsmodul
FEM	Finite-Elemente-Methode
FF	Fadenführer
FKV	Faserkunststoffverbund
FiF	Funktionsintegrativer Fahrzeugsystemträger
FSM	Flachstrickmaschine
GF	Glasfaser
HG	Hybridgarn
HG-MLG	Hybridgarn-Mehrlagengestrick
HGTT	Hybridgarn-Textil-Thermoplaste
IFKM	Institut für Festkörpermechanik
ILK	Institut für Leichtbau und Kunststofftechnik
ITM	Institut für Textilmaschinen und Textile Hochleistungswerkstofftechnik
IWM	Institut für Werkzeugmaschinen und Steuerungstechnik
LL	Links-Links
KD	Kettfadendichte
MLG	Mehrlagengestrick
MR	Maschenreihen
MRR	Maschenreihenrichtung
MRZ	Maschenreihenanzahl
MS	Maschenstäbchen
MSR	Maschenstäbchenrichtung
MSZ	Maschenstäbchenanzahl
OE	open-end
PP	Polypropylen
RL	Rechts-Links
RR	Rechts-Rechts
RRG	Rechts-Rechts-Gekreuzt
RVE	Repräsentatives Volumenelement
SD	Schussfadendichte
SFB	Sonderforschungsbereich
TUD	Technische Universität Dresden
u. a.	unter anderem
vgl.	vergleiche
z. B.	zum Beispiel

1 Einleitung

Durch die hohe Bedeutung von Energie- und Ressourceneffizienz nimmt der Stellenwert von Leichtbau branchenübergreifend immer weiter zu. Daher werden neben klassischen Konstruktionswerkstoffen wie Aluminium oder Stahl zunehmend hochfeste **Faserkunststoffverbunde (FKV)** eingesetzt, die u. a. in Anwendungsfällen in der Kraftfahrzeugindustrie ein deutlich höheres Leichtbaupotenzial aufweisen können. Gegenwärtig zu verzeichnende Gewichtssteigerungen bei Kraftfahrzeugen resultieren aus zunehmenden Anforderungen an die Sicherheit, den Komfort, die Ausstattung, die Leistung und die Abgastechnik. So führen die entwickelten Elektro- und Hybridtechnologien noch zu Mehrgewicht [Tim10]. Das Fahrzeuggewicht hat einen erheblichen Einfluss auf den Kraftstoffverbrauch und die damit verbundene CO_2-Emission (siehe Abb. 1.1). Ein konsequenter Leichtbau mit Funktionsintegration ist deshalb ein Schlüssel zur angestrebten Gewichtsreduzierung bei gleichzeitiger Beibehaltung von Leistung und Komfort im Fahrzeugbau. Neuartige Faser-Kunststoff-Verbunde können einen Beitrag zur Realisierung der gewünschten Zielstellung leisten.

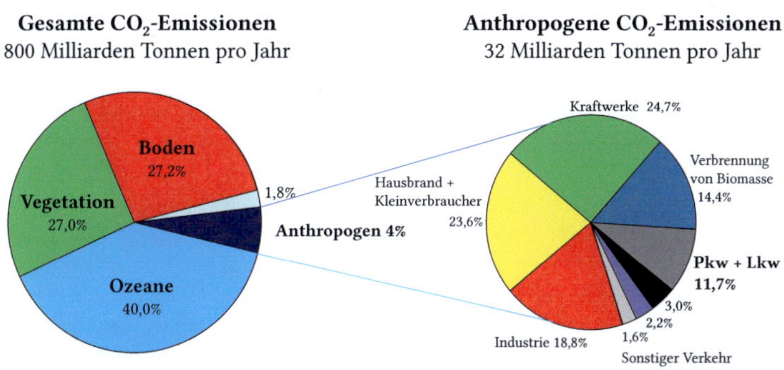

Abbildung 1.1: CO_2-Bilanz [Wal10]

Ein Faserkunststoffverbund ist ein Mischwerkstoff, der im Allgemeinen aus zwei Hauptkomponenten besteht, nämlich einer Matrix und darin eingebetteten Verstärkungsfasern. Durch gegenseitige Wechselwirkungen dieser Komponenten erhält der Werkstoff höherwertigere Eigenschaften als jede der beiden einzeln beteiligten Komponenten [FMGS12].

Zu den bedeutendsten und gegenwärtig am häufigsten eingesetzten **Verstärkungsfasern** zählen Glas-, Kohlenstoff- und Aramidfasern. Die Fasern werden in dem Matrixmaterial so angeordnet, dass sie die mechanischen Lasten tragen können. Diese Orientierung ist die Grundlage für hohe spezifische Steifigkeiten und Festigkeiten, durch die FKV für den Konstrukteur interessant werden [Huf07].

Als **Matrixmaterial** werden Duroplaste und Thermoplaste verwendet. Aufgrund einer höheren Produktivität, niedrigerer Kosten und einer besseren Umweltfreundlichkeit sowie Recyclingfähigkeit gewinnen thermoplastische Matrixmaterialien in der letzten Zeit immer mehr an Bedeutung. Attraktiv ist dabei nicht nur die kurze Prozesszeit bei der Herstellung sondern auch die hohe Zähigkeit des Verbundwerkstoffes mit verbesserten Stoß- und Schlageigenschaften. Jedoch führt die hohe Viskosität der thermoplastischen Matrix zu Problemen bei der Verarbeitung. Die schlechte Benetzung der Verstärkungsfasern behindert eine homogene Verbundstruktur [Zha08]. Bisherige Untersuchungen haben gezeigt, dass es für die Herstellung thermoplastischer FKV vorteilhaft ist, die Verstärkungskomponente (Hochleistungsfilamente) und die Matrixkomponente (thermoplastische Filamente oder Fasern) bereits in der Garnstruktur miteinander zu kombinieren. Zur Herstellung von derartigen Hybridgarnen sind im Wesentlichen fünf Verfahren bekannt: Zwirnen, Umwinden, OE-Friktionsspinnen, Online-Hybridspinnen und die Herstellung von Commingling-Hybridgarnen [ODMH02, GK03, RV04, AAB04, Cho05, HKRG06, Man07].

Die Textiltechnik zählt zu den Großserientechnologien und bietet eine hohe Variabilität in der Anordnung der Fadenarchitektur. Abhängig von den zu realisierenden Bauteilen und Orientierungen bieten sich für schalenförmige Bauteile und Profilstrukturen unterschiedliche flächige Faserhalbzeuge an, die für Leichtbauanwendungen marktüblich geworden sind: Multiaxiale Gelege [Hö96, Che99, Hau10], Geflechte [WS01, KW09, Bil13] und Gewebe [Bad07, MHC11, Wah11].

Bi- bzw. multiaxial verstärkte **Mehrlagengestricke (MLG)**, bei denen die Verstärkungsgarne in horizontaler, vertikaler sowie diagonaler Richtung eingebunden sein können, bilden eine weitere Alternative als Verstärkungsmaterial für FKV [Ceb06, AHDC10, Che11, LK14]. MLG sind aufgrund ihrer Struktur zwar sehr gut drapierbar, allerdings führt dieser Prozess bei komplexen, stark gekrümmten Bauteilen zu unerwünschten Verzerrungen der Maschen- und Verstärkungsstruktur und teilweise zu erheblichen Abweichungen von der gewünschten Fadenorientierung im Bauteil. Außerdem ist die Formgebung durch Drapieren häufig mit einem großen zeitlichen und manuellen Aufwand verbunden. Durch die Realisierung einer beanspruchungsgerechten Ausrichtung der Verstärkungsfasern mit der Flachstricktechnik lassen sich jedoch ausreichende mechanische Eigenschaften für High-Performance-Anwendungen erzielen [CDO02, VKB03, DO04].

1.1 Wissenschaftliche Zielsetzung

Im Rahmen des Sonderforschungsbereiches 639 der Deutschen Forschungsgemeinschaft (DFG) „Textilverstärkte Verbundkomponenten für funktionsintegrierende Mischbauweisen bei komplexen Leichtbauanwendungen“ werden die Möglichkeiten der neuen Werkstoffgruppe der Hybridgarn-Textil-Thermoplaste (HGTT) für einen konsequenten funktionsintegrierenden

Leichtbau auf der Basis der Hybridisierungstechnik untersucht. Die Motivation „vom Filament bis zum Bauteil" erfordert es, die Prozesskette des SFB 639 vom Filament über (Hybrid-)Garn, Halbzeug und Preform bis zu konsolidierten Komponenten und Bauteilen in funktionsintegrierender Mischbauweise zu gestalten [SFB].

Die Zielstellung der Dissertation orientiert sich an den Arbeitsschwerpunkten des SFB 639 und ist auf die Entwicklung einer Prozesskette, die sich von der Bauteilgeometrie bis hin zur Überführung in Mustersteuerprogramme für die Flachstrickmaschine zur Fertigung von 2D/3D-formgerechten, biaxial verstärkten GF/PP Hybridgarn-Mehrlagengestricken (HG-MLG) erstreckt, fokussiert (siehe Abb. 1.2). Unter Nutzung der Technologie des Flachstrickens wird die Herstellung von near-net-shape Preforms[1] aus 2-lagigen Biaxialgestricken für mehrschichtige thermoplastische FKV angestrebt.

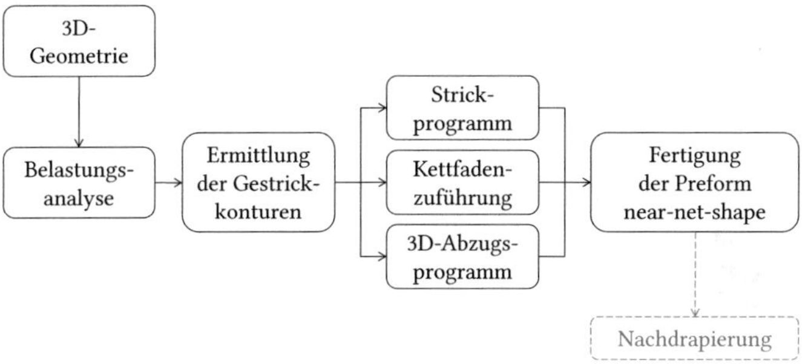

Abbildung 1.2: Prozesskette für die formgerechte Umsetzung von MLG

Um biaxial verstärkte Hybridgarngestricke beanspruchungs- und verarbeitungsgerecht in effektiver Weise herzustellen, ist es erforderlich, eine digitale Verbindung zwischen der Formfindung und der stricktechnischen Umsetzung durch eine zweidimensionale Gestrickkontur zu schaffen. Die Formgebung soll dabei künftig durch eine aktive Kettfadenzuführung erleichtert werden.

1.2 Präzisierung der Aufgabenstellung

Zur Erreichung der Zielstellung sind folgende Methoden und Arbeitsschritte vorgesehen:

- computergestützte Berechnung, Analyse und Bewertung von 2D-Abwicklungskonturen, die anhand von 3D-Geometriedaten ermittelt werden,

[1] Near-net-shape preforms sind der Bauteilgeometrie nahezu entsprechende Verstärkungsstrukturen vor der Imprägnierung/Konsolidierung [Che13].

- Schaffung von Softwareroutinen zur Überarbeitung der Abwicklungskonturen unter Berücksichtigung von Maschinenfeinheit und Maschendichte zur Erstellung von Gestrickkonturen, die auf die zu verarbeitenden spröden Verstärkungs- und Maschenfäden angepasst sind,
- digitale Einbindung des segmentierten Abzugs und des Kettfadenförderers zur Erleichterung der stricktechnischen Formgebung in die Programmierung der Flachstrickmaschine, Untersuchung des Nachdrapieraufwands,
- Untersuchungen zur Kombination von 2D/3D-Formgebungstechniken für komplex gekrümmte Bauteilgeometrien, experimentelle Ermittlung des Einflusses von Einschnitten/ Überlappungsstellen auf die mechanischen Verbundeigenschaften anhand von Referenzgeometrien,
- Technologieerprobung, Überprüfung von Gestrickqualität und Verstärkungsstruktur, Bewertung der Prozesssicherheit, Validierung der theoretischen und experimentell gewonnenen Ergebnisse.

Der Präzisierung der genannten Arbeitspunkte geht eine umfangreiche Literaturrecherche zur Ermittlung des Standes der Technik des Flachstrickens voraus. Ein besonderes Augenmerk wird dabei auf die Schaffung einer digitalen Prozesskette zur Anwendung der Formgebungsmöglichkeiten dieser Technik gelegt.

2 Stand der Flachstricktechnik zur Herstellung von formgerechten 2D- und 3D-Verstärkungshalbzeugen

In der Abbildung 2.1 ist das Flachstricken in die maschenbildenden Verfahren eingeordnet. Die Darstellung ist vereinfacht, eine ausführliche Übersicht findet sich z. B. in [OTM77]. Aus dieser Abbildung ist zu erkennen, dass die Flachgestricke den Querfadenwaren zugeordnet werden. Die maschenbildenden Fäden verlaufen in horizontaler Richtung, so dass die textile Fläche beim Stricken durch die Verbindung der Fadenschleifen miteinander entsteht. Die Bewegung der Nadeln für die Maschenbildung wird einzeln gesteuert. Generell wird der gleiche Arbeitstakt an den Nadeln über der Arbeitsbreite zeitlich nacheinander ausgeführt [Tru11].

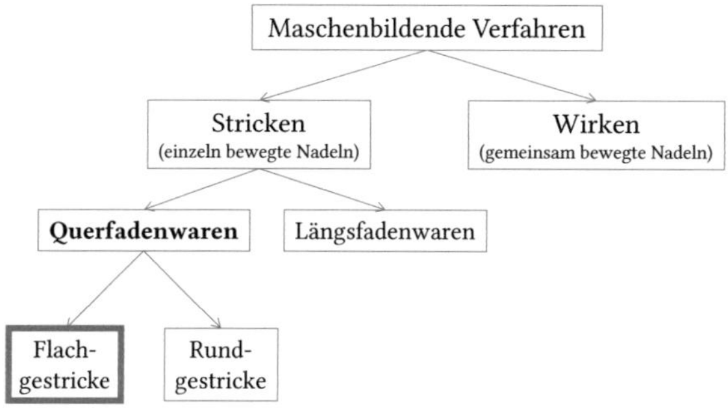

Abbildung 2.1: Einordnung der Flachgestricke in das Spektrum maschenbildender Flächenbildungsverfahren

Aufgrund der Maschenform besitzen die Gestricke *eine sehr gute und gezielt einstellbare Drapierbarkeit*[2] [EE07, ZH07, Sch13]. Durch die hohe Drapierbarkeit und geringe Rückstellkräfte kann die Abformung sehr komplexer Geometrien, z. B. Knotenelemente und gekrümmte Schalen, mit geringem manuellen Aufwand ermöglicht werden.

Außerdem weisen die Gestricke eine hohe Flächenstreckung (Elastizität) und damit verbunden eine gute Energieaufnahme auf [Dre92, KFNH04, Sch05]. Die Flachstricktechnik bietet *eine hohe Flexibilität* bei der Herstellung unterschiedlich gemusterter Gestricke und endkonturnaher Ausführungen, so dass ein Einsatz im Bereich der Faserverbundwerkstoffe sinnvoll erscheint [NM04]. Aufgrund der fehlenden Verstärkung in Belastungsrichtung bei Gestricken

[2] Als Drapierbarkeit wird die Formänderung von zweidimensionalen Textilien durch Einwirkung von äußeren Kräften oder Schwerkraft bei Anpassung an eine vorgegebene dreidimensionale Geometrie bezeichnet [EE07].

werden diese Flächengebilde aber erst seit Anfang der 1990er Jahre auf ihre Eignung als Verstärkungstextil untersucht [MBFL99, MG13].

Zunächst wurde der klassische Maschenfaden des Gestricks durch Hochleistungsfäden aus Glasfasern, später durch Kohlenstofffasern, ersetzt. Da die Fäden im Gestrick nicht gestreckt durchlaufen und häufig eine Schädigung des Fadenmaterials durch die Umlenkung der Fäden verursacht wird, können allerdings im Vergleich zu anderen textilen Flächengebilden mit gleichem Faservolumengehalt und geringerer Ondulation nur deutlich geringere Festigkeiten erreicht werden [EE07]. Klassische Flachstrickwaren eigenen sich trotz des Einsatzes von Hochleistungsfäden somit nur begrenzt für die Weiterverarbeitung zu FKV-Bauteilen. Bei hoher Beanspruchung des FKV-Bauteils wird die Bruchdehnung des Matrixmaterials überschritten, bevor die Verstärkungsfasern gestreckt ausgerichtet sind und die Last abtragen. Dennoch sind Gestricke aus reiner Maschenware mit Hochleistungsfäden besonders im Hinblick auf die mögliche Formgebung Gegenstand aktueller Forschungen [AFH04, Sch13].

Im nachfolgenden Kapitel werden zunächst die Grundlagen des klassischen Flachstrickens dargestellt, bei dem in der Regel keine Verstärkungsfäden eingesetzt werden. Zur Verbesserung der Festigkeit der Gestricke ist es möglich, diese in Kett- und Schussrichtung zu verstärken. Die Erläuterungen hierzu erfolgen im Kapitel 2.3.

2.1 Grundlagen des Flachstrickens

Das Grundbindungselement der Strickerei ist die *Masche* (Abb. 2.2, grün). Als Maschenlänge wird die Fadenlänge bezeichnet, die für die Herstellung einer Masche benötigt wird. Sie ist der geometrische Parameter einer Masche, der auch bei Deformation (bis zum Einsetzen der Fadenlängsdeformation) konstant bleibt.

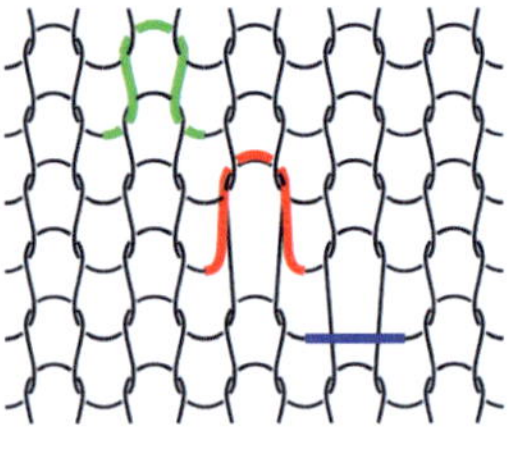

Abbildung 2.2: Bindungselement: Masche (grün), Henkel (rot) und Flottung (blau)

Verfahrensbedingt weist eine Masche zwei unterschiedliche Seiten auf. Die rechte Maschenseite zeigt die Maschenschenkel und die linke Maschenseite die Kopf- und die Fußbögen. In Abbildung 2.3 sind die entsprechenden Teile der Masche farblich gekennzeichnet [OWF03].

Die Bindung einer textilen Fläche beim Stricken basiert immer auf dem Bindungselemente Masche (Abb. 2.2 grün). Die übrigen Bindungselemente, z. B. *Henkel* (Abb. 2.2 rot) und *Flot-*

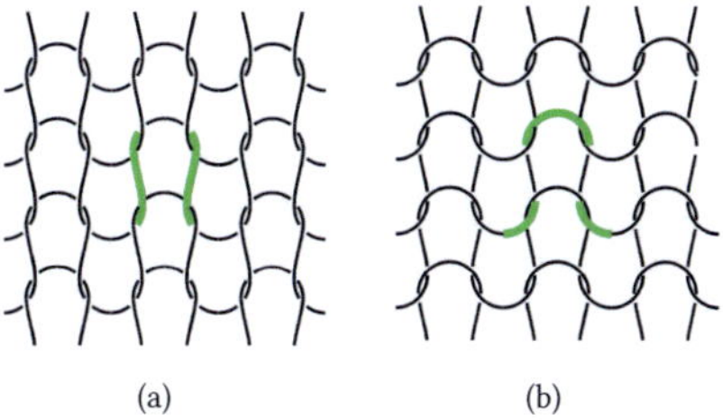

Abbildung 2.3: Oberflächenansicht eines RL-Gestricks: (a) rechte Seite; (b) linke Seite

tung (Abb. 2.2 blau), dienen der Musterung sowie zur lokalen Veränderung der Gestrickeigenschaften [Tru11].

Innerhalb eines Gestricks werden die in horizontaler Richtung angeordneten Maschen als Maschenreihen (MR) und die in vertikaler Richtung angeordneten Maschen als Maschenstäbchen (MS) bezeichnet (Abb. 2.4).

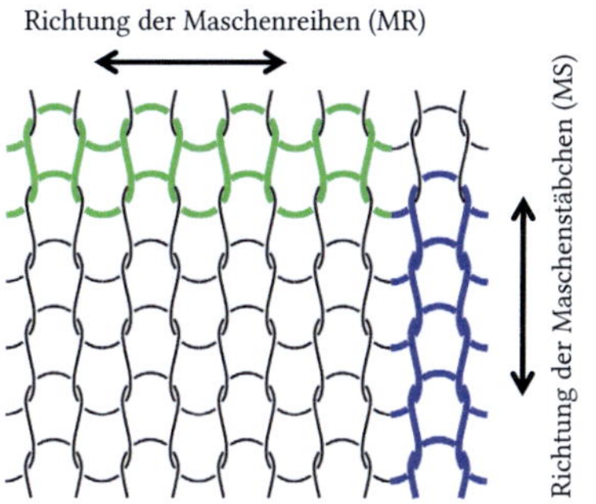

Abbildung 2.4: Gestrickrichtung: horizontal - Maschenreihen (MR), vertikal - Maschenstäbchen (MS)

Gestricke werden in den Grundbindungen Rechts-Links (RL), Rechts-Rechts (RR), Links-Links (LL) und Rechts-Rechts-Gekreuzt (RRG) hergestellt [DIN90]. Aus der großen Anzahl möglicher Bindungsarten bei Gestricken sind die RL-Gestricke mit dem geringsten technischen Aufwand herstellbar, da im Gegensatz zu RR- oder LL-Gestricken bei diesen nur ein Nadelträger benötigt wird. Weiterhin weisen RL-Gestricke die höchste strukturelle Gleichmäßigkeit auf, da alle Maschen gleich sind [EE07].

Durch die Verformung des Fadenmaterials zu Raumkurven (Maschenkurven) besitzen die RL-Gestricke eine hohe Einrollneigung von der linken zur rechten Seitenkante und von der unteren zur oberen Kante. Ursache dafür ist das Bestreben des Fadenmaterials, einen möglichst spannungsarmen Zustand einzunehmen [Tru11]. Da ein großer Wert auf eine hohe Drapierbarkeit gelegt wird, besitzen die RL-Gestricke keinen Eintrag gestreckter Verstärkungsfäden in MR- oder MS-Richtung. Diese würden die Drapierbarkeit einschränken.

Bei Gestricken wirken die Drapiermechanismen Streckung und Scherung (Abb. 2.5). Die gute Drapierbarkeit der Gestricke ermöglicht es, nicht abwickelbare Freiformflächen faltenfrei und ohne Einschnitte und Überlappungen abzubilden [EE07].

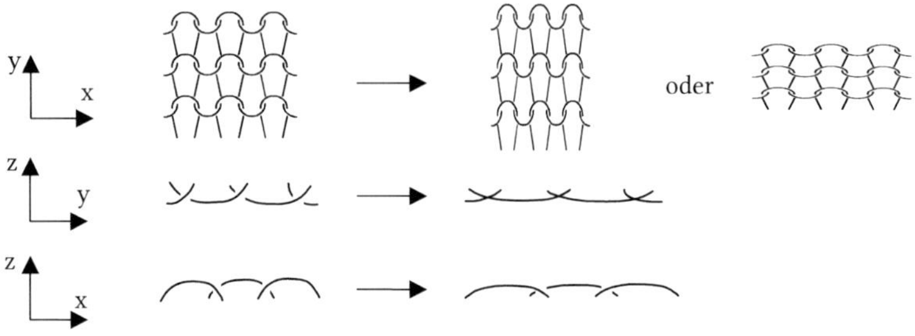

(a)

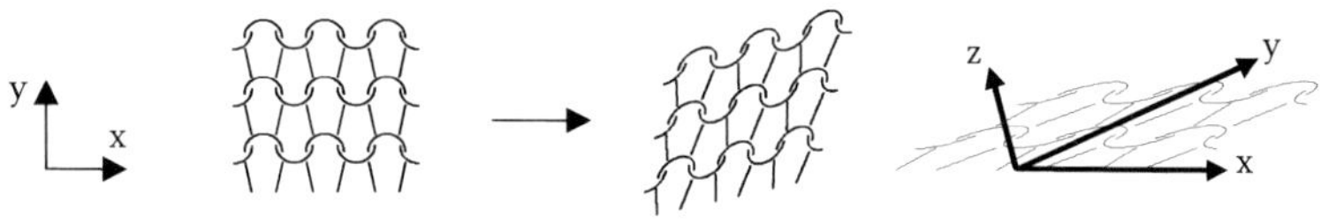

(b)

Abbildung 2.5: Drapiermechanismen eines Gestricks: (a) gestreckter Zustand in drei Ebenen; (b) Scherung [EE07]

- Streckung: Streckung ist eine Flächenänderung des Textils durch Ausrichtung von gekrümmt liegenden Fäden. Sie nimmt bei Gestricken den größten Stellenwert innerhalb der Drapierung ein, ist jedoch bei anderen Textilien aufgrund minimaler Fadenkrümmungen unbedeutend. Bei dem gestreckten Zustand werden Fadenkrümmungen sowohl in der Gestrickebene (in x- und y-Richtung) als auch aus der Gestrickebene heraus (in z-Richtung) durch Zugbelastung verändert. Dabei verkleinern sich die Krümmungen (Radien) in Maschenschenkel und -fuß und es kommt zu geringen Verschiebungen der Fäden in den Bindungspunkten.

  Klassische Gestricke besitzen nach Abbildung 2.6 zwei Grenzlinien, die den Bereich der möglichen Streckungen einschließen. Die obere Grenzlinie beschreibt die bei einer bestimmten Maschenbreite maximal mögliche Maschenhöhe, genannt obere Streckungsgrenze. Die untere hingegen beschreibt die minimal mögliche Maschenhöhe, genannt untere Streckungsgrenze. Gestricke entlang der unteren Streckungsgrenze besitzen in der Nähe des ungestreckten Gestricks ein erhebliches Umformpotential, da Streckungen in die zweite Richtung noch möglich sind. Dies verringert sich jedoch, je weiter sich die Gestricke den Endpunkten der Kurve nähern. Gestricke entlang der oberen Streckungsgrenze hingegen können nicht weiter in eine Richtung gestreckt werden, ohne die Streckung in die andere Richtung zu verringern. Diese Gestricke besitzen einen maximalen biaxialen Streckungsgrad und bestehen ausschließlich aus gestreckten Fäden und minimalen Radien in den Bindungspunkten der Maschen. Die Maschen nehmen eine rechteckige Gestalt an. Es befindet sich keine Fadenreserve in den Maschen. Die obere Streckungsgrenze hat deshalb eine große Bedeutung für die Analyse der Umformungen.

- Scherung: Bei Scherung kommt es zu einer Veränderung des Winkels zwischen Reihen- und Stäbchenrichtung der Gestricke. Sie tritt ein, wenn die Richtungen angreifender Zugkräfte nicht mit der Reihen- und/oder Stäbchenrichtung übereinstimmen.

Eine Überlagerung von Scherung und Streckung tritt bei jeder dreidimensionalen Umformung auf. Lokal kann der Scherwinkel stark variieren [EE07].

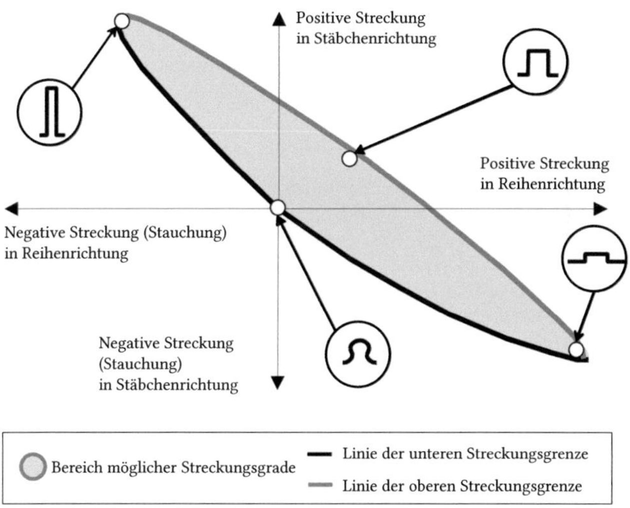

Abbildung 2.6: Lage der oberen und unteren Verstreckungsgrenzen des untersuchten Gestrickes; schematische Darstellung der Maschengeometrie entlang dieser Grenzen [EE07]

2.2 Formgebung beim Flachstricken

Von den bekannten textilen Verfahren zur Herstellung von endkonturnahen Halbzeugen bzw. Halbzeugen mit exakter Form in einem Arbeitsgang weist das Flachstricken das höchste Potential auf. Durch den Einsatz entsprechender Formgebungstechniken können unterschiedliche Gestrickgeometrien realisiert werden, so ist es mit Hilfe der *Fully fashioned* Technik möglich, einen kompletten Pullover in einem Arbeitsgang zu stricken (Abb. 2.7) [Raz93].

Abbildung 2.7: Gestrickausschnitt, hergestellt mit *Fully fashioned* Technik [Sha]

Die Formgebung auf Flachstrickmaschinen (FSM) ist im Wesentlichen durch folgende Variationen möglich [OTM77, Spe01, Ceb06, HBOC06]:

- Variation der Maschenanzahl in MR/MS-Richtung,
- Variation der Struktur durch Kombination der Bindungselemente und Variation der Maschenlänge.

Die *Variation der Maschenanzahl* in Maschenreihen- und/oder Maschenstäbchenrichtung ist dabei die wichtigste Formgebungstechnik Die Veränderung der Maschenanzahl kann ohne und mit Maschenübertragung vorgenommen werden. Die Varianten sind in den Abbildungen 2.8 und 2.9 dargestellt. Die beiden Formgebungsvarianten ohne und mit Maschenübertragung sind beim Stricken ohne Integration von Verstärkungsfäden Standard.

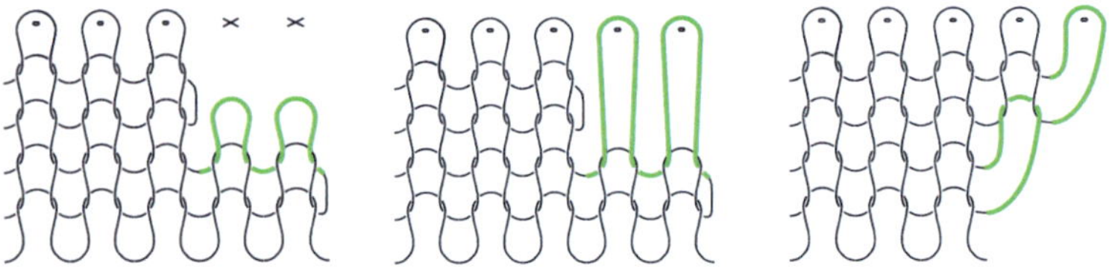

(a) (b) (c)

Abbildung 2.8: Formgebungsvarianten ohne Maschenübertragung (RL-Gestrick, rechte Warenseite): (a) Mindern durch Maschenabwerfen; (b) Nadelparken; (c) Zunehmen

Bei der *strukturellen Variation* wird zwischen der Variation der Maschenlänge und der Bindung unterschieden. Auf modernen FSM ist es in Grenzen möglich, die Maschenlänge über

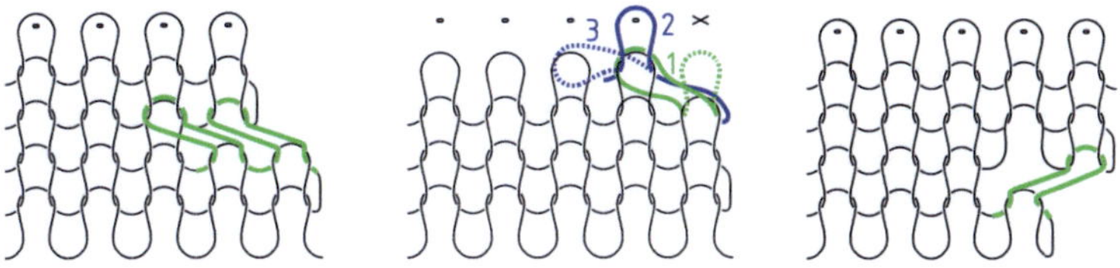

(a) (b) (c)

Abbildung 2.9: Formgebungsvarianten mit Maschenübertragung (RL-Gestrick, rechte Warenseite): (a) Mindern; (b) Abketteln; (c) Zunehmen

die Gestrickbreite zu verändern [Ceb06]. Die in dieser Arbeit ausgewählte FSM *aries.3* der Firma Steiger [Ste] stellt die entsprechende Position des Kulierpunkts elektronisch ein und kann in jeder Strickreihe eine andere Maschenlänge realisieren. Um innerhalb einer Strickreihe die Kuliertiefe zu verändern, benötigt die FSM eine Stellzeit, welche während des Schlittenhubs aber rund sieben Nadeln andauert [Ste04]. Somit lässt sich eine Maschenlängenvariation nur mit gewissen Restriktionen einsetzen [Tae06]. Durch die Änderung der Maschenlänge innerhalb einer Strickreihe können nebeneinander liegende Bereiche mit unterschiedlichen Strukturdehnungen gefertigt werden. Interessant ist dies z. B. für Bekleidungstextilien im Bereich der Ellbogen oder der Knie.

Die Maschenlänge wird im Wesentlichen durch die Kuliertiefe, die Maschenfadenspannung und den Abzug bestimmt. Je tiefer eine Masche kuliert wird, umso größer wird die resultierende Maschenlänge im Gestrick. Ebenso bewirkt ein stärkerer Abzug eine größere Maschenlänge. Um ein optimales Gestrick herstellen zu können, müssen alle Einflussgrößen aufeinander abgestimmt werden [OTM77, Spe01].

Wie im Kapitel 2.1 bereits beschrieben, basiert die Bindung einer textilen Fläche beim Stricken immer auf dem Bindungselement Masche. Nur unter Verwendung dieses Bindungselementes werden die Modifikationen der Grundbindungen abgeleitet, z. B. RR-gerippt, Milano-Rib. Kombiniert mit dem Bindungselement Henkel können die Bindungen RR-Fang, RL-Noppe usw. hergestellt werden [OTM77, ISO]. Durch die (wechselnde) Anordnung rechter und linker Maschen sowie der Bindungselemente Henkel und Flottung in der MR bzw. im MS wird das Gestrick strukturell durch Musterung variiert. Die Gestrickeigenschaften sind damit lokal unterschiedlich.

2.3 Herstellung biaxial verstärkter Mehrlagengestricke

Die am Institut für Textilmaschinen und Textile Hochleistungswerkstofftechnik (ITM) der Technischen Universität Dresden (TUD) entwickelte Mehrlagen-Flachstricktechnik basiert auf einer grundlegenden technischen und technologischen Weiterentwicklung der herkömmlichen Flachstricktechnik und ermöglicht die 2D- und 3D-Formgebung mit Integration linearer (non-crimp) Fadensysteme aus Hochleistungsfäden in mono-, bi- und multiaxialer Anordnung [GDO98, CDO02, Ceb06, HBOC06, AHDC09, AHDC10, LKDH10, LKH+11]. Die Gestricke werden somit in der gewählten Richtung durch textile Hochleistungsfäden verstärkt, so dass beanspruchungsgerechte Textilhalbzeuge hergestellt werden können. Verglichen mit Geweben und Gelegen sind diese Gestrickstrukturen auch bei einer hohen Lagenanzahl gut verformbar, so dass gestrickte Verstärkungsstrukturen für komplexe Bauteilgeometrien hergestellt werden können. Durch die zusätzlich integrierten Verstärkungsfäden können hohe Steifigkeiten und Festigkeiten im Werkstoffverbund erreicht werden. Die Abbildung 2.10 gibt einen Überblick über den Strukturaufbau der MLG-Varianten mit unterschiedlicher Verstärkungslagenanzahl. Der Vorteil der hohen Lagenanzahl in einem Gestrick liegt in der geringen Delaminationsneigung, der guten Fähigkeit zur Energieaufnahme, der dennoch geringen Dicke der Gesamtstruktur und dem geringen Maschenfadenverbrauch im Gegensatz zu einer durch Stapeln mehrerer Lagen übereinander hergestellten Struktur bei gleichen Verstärkungsbedingungen [Tae06, Sch13].

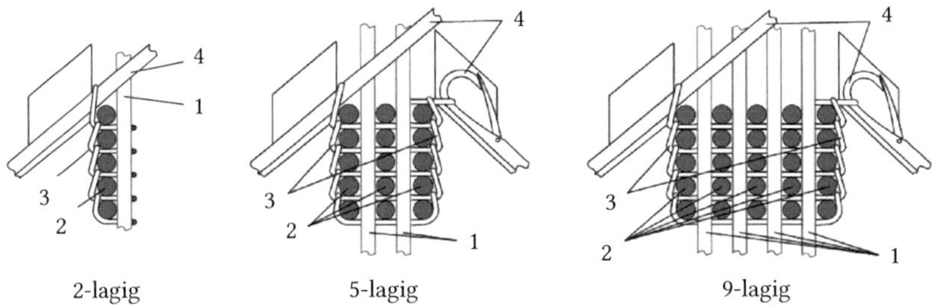

Abbildung 2.10: Grundstruktur der MLG-Varianten mit unterschiedlicher Verstärkungslagenanzahl (1-Kettfäden, 2-Schussfäden, 3-Maschenfäden, 4-Nadeln des vorderen und hinteren Nadelbetts) [OHE94]

Der einfachste Aufbau einer solcher Struktur (Abb. 2.10, 2-lagig) besteht aus einem Kett-, einem Schuss- und einem Maschenfadensystem, wobei die stricktechnische Fixierung der Kett- und Schussverstärkungsfäden unter Verwendung der RL-Bindung durch die Maschenbildung erfolgt. In dieser Struktur kann jeweils nur eine gerade Anzahl von Verstärkungslagen eingebunden werden. Ausgehend vom aktiven Nadelträger muss die letzte Verstärkungslage eine Kettfadenlage sein [Tru11]. Daraus ergibt sich ein unsymmetrischer Aufbau der MLG-Strukturen (Abb. 2.11). Die guten Drapiereigenschaften können durch einen gezielten Strukturaufbau über die Auswahl der Materialien und die Festlegung der Maschendichte auch bei einer hohen Lagenanzahl gesichert werden. Bei hoher Lagenanzahl sind zur Formgebung mittels Drapieren jedoch deutlich höhere Kräfte notwendig.

Im Rahmen der Arbeit wird die erforderliche Formgebung vorzugsweise durch stricktechnische Modifikationen erzielt. Die Entwicklung und Herstellung gekrümmter Preforms direkt auf der modifizierten FSM wird auf jeweils eine Kett- und Schussfadenlage, das heißt biaxial verstärkte 2-lagige Gestricke beschränkt.

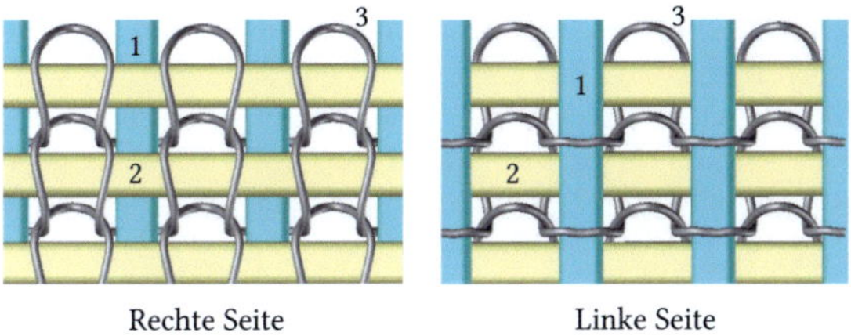

Abbildung 2.11: Rechte und linke Gestrickseite eines 2-lagigen Biaxialgestricks (1-Kettfäden, 2-Schussfäden, 3-Maschenfäden)

Die Verstärkungsfadensysteme der 2-lagigen Biaxialgestricke (BG) sichern die erforderliche Verbundfestigkeit und -steifigkeit, die Maschenstruktur gewährleistet eine hohe Drapierbarkeit der Halbzeuge sowie ein gutes Schlagverhalten der Verbunde. In Kombination mit thermoplastischen Matrixsystemen eignen sich die Halbzeuge für die FKV-Bauteilherstellung nach modernen Thermoformverfahren [Zha08, SFB].

Die stricktechnischen Formgebungsmöglichkeiten auf der im Rahmen der Arbeit eingesetzten FSM *aries.3* werden im nachfolgenden Kapitel unter Berücksichtigung der Besonderheiten bei der Verarbeitung spröder Maschen- und Verstärkungsfäden näher betrachtet.

Das grundlegende Ziel der Herstellung von beanspruchungs- und formgerechten biaxial verstärkten Gestricken für den Einsatz als Verstärkungshalbzeuge in Leichtbauanwendungen ist die Reduzierung des Fertigungs- und Materialaufwandes.

2.4 Formgebung zur Erzeugung endkonturnaher 2-lagiger Biaxialgestricke

Die Formgebungsmöglichkeiten an FSM ohne zusätzliche Verstärkungsfäden wurden bereits im Kapitel 2.2 erläutert. Somit wird im weiteren Text nur auf Besonderheiten bzw. stricktechnische Probleme eingegangen, die sich aus dem Einsatz der Verstärkungsfäden in Kett- und Schussrichtung ergeben.

Erste Untersuchungen zu Möglichkeiten der stricktechnischen Formgebung werden in der Literatur anhand von Referenz- [Ceb06] und Demonstratorgeometrien, im Untersuchungsfall ein Schüttgutbecher, vorgestellt [Tru06, Huf07]. In den zuletzt genannten Arbeiten wird erstmalig versucht, eine digitale Verbindung zwischen der 3D-Bauteilgeometrie und der stricktechnischen Umsetzung in Musterprogramme herzustellen. Die mögliche Formgebung wird hierbei erleichtert, da das Verhältnis der Verstärkung in Kett- und Schussfadenrichtung 1:2 beträgt. Die Untersuchungen zur Formgebung im Rahmen dieser Arbeit zielen auf die Umsetzung einer 1:1 Verstärkung ab, um dem Referenzmaterial MLG-V1a des SFB 639 (siehe Tab. 3.1) zu entsprechen.

Dreidimensionale MLG werden bisher vorzugsweise durch die Variation der Maschenanzahl in MR- oder MS-Richtung erzeugt. Dabei wird zwischen den Formgebungsmethoden Zunehmen, Mindern, Abketteln und Nadelparken sowie dem Einsatz mehrerer Fadenführer unterschieden. Besonders das Zunehmen und Mindern der MLG-Breite in Verbindung mit dem Nadelparken, stellt eine effektive Möglichkeit der 3D-Formgebung dar [Tru06, Sch13].

Die Abbildungen 2.12 und 2.13 zeigen die bereits in den Abbildungen 2.8 und 2.9 dargestellten Formgebungsvarianten, die nur aus der Variation der Maschenanzahl in MR- und MS-Richtung resultieren, allerdings mit zusätzlich integrierten Kett- und Schussfäden.

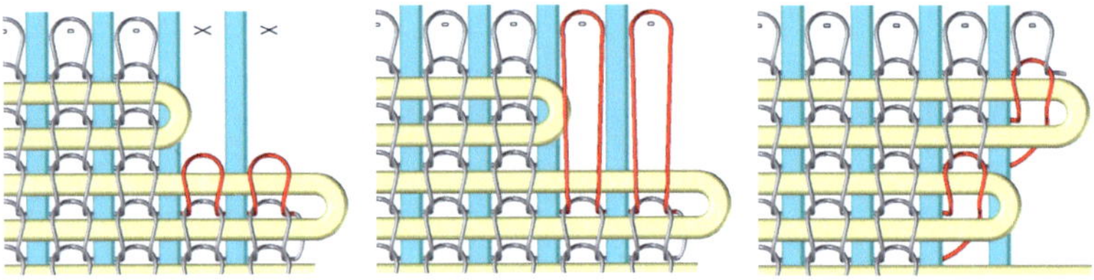

(a) (b) (c)

Abbildung 2.12: Formgebungsvarianten (2-lagige BG, rechte Warenseite) ohne Maschenübertragung: (a) Mindern durch Maschenabwerfen; (b) Nadelparken; (c) Zunehmen

Die in Abbildung 2.12 dargestellten *Formgebungsvarianten ohne Maschenübertragung* werden nachfolgend insbesondere hinsichtlich der Unterschiede zum klassischen Flachstricken und des beabsichtigten Einsatzes zum Preforming für FKV-Anwendungen näher erläutert.

- Mindern: Das durch Maschenabwerfen realisierte *Mindern* (Abb. 2.12 a) wird normalerweise nicht empfohlen, da keine feste Kante am Gestrick entsteht.

- Nadelparken: Durch den Einsatz des *Nadelparkens* (Abb. 2.12 b) wird die Anzahl der Maschen in Maschenstäbchenrichtung verändert. Dabei werden einige Nadeln über mehreren Maschenreihen (MR) geparkt, während die benachbarten Nadeln weiterhin am Strickprozess teilnehmen. Die Halbmaschen verbleiben auf den geparkten Nadeln bis zum Wiedereinbeziehen in den Strickprozess. Dabei ist zu beachten, dass insbesondere bei Verwendung von sprödem Maschenfadenmaterial (GF/PP-HG) die Anzahl der maximal möglichen MR, über die das Nadelparken erfolgen kann, begrenzt ist. Die genauen Grenzwerte sind sehr stark vom Fadenmaterial, der Maschenlänge und den Abzugswerten abhängig. Generell ist aber das Nadelparken die bevorzugte Technik zum Verbinden der Kanten textiler Halbzeuge und bildet somit eine wesentliche Voraussetzung für die stricktechnische Herstellung einer 3D-Geometrie. Die Umsetzung dieser Technik ist fertigungstechnisch vergleichsweise einfach.

- Zunehmen: Für das *Zunehmen* ohne Maschenübertragung (Abb. 2.12 c) werden auch bei einer biaxialen Verstärkung des Gestricks keine besonderen Anforderungen an die Maschinentechnik gestellt. Durch das Hinzufügen weiterer Nadeln am Rand des Gestricks kann die Breite beliebig bis zur maximalen Arbeitsbreite der FSM vergrößert werden.

Des Weiteren gibt es *Formgebungsvarianten mit Maschenübertragung* zur Veränderung der Maschenanzahl (Abb. 2.13). Dazu muss die eingesetzte Biaxial-Flachstrickmaschine über eine Einzelnadelauswahl verfügen und den Versatz der zwei Nadelbetten ermöglichen. Die Maschenübertragung kann wie folgt vorgenommen werden [CKL+13]:

1. Die zu übertragende Masche wird zunächst auf eine Nadel des gegenüberliegenden Nadelbetts transferiert.

2. Anschließend erfolgt ein Nadelbettversatz.

3. Die vorher transferierte Masche wird auf die benachbarte Nadel des Ausgangsnadelbettes übergeben.

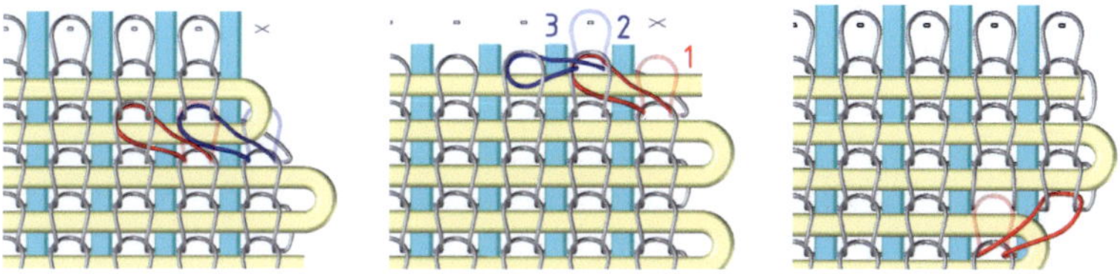

(a) (b) (c)

Abbildung 2.13: Formgebungsvarianten (2-lagige BG, rechte Warenseite) mit Maschenübertragung: (a) Mindern; (b) Abketteln; (c) Umhängen/Zunehmen

- Mindern: Beim *Mindern* (Abb. 2.13 a) wird die Breite des Gestricks verringert, wobei die auf einer Nadel befindliche Masche auf eine Nachbarnadel übertragen wird, so dass die frei werdende Nadel nicht mehr am Strickprozess teilnimmt, anschließend erfolgen ein Nadelbettversatz und die Übergabe auf die benachbarte Nadel des Ausgangsnadelbetts.

- Abketteln: Während das Mindern zur Erzeugung fester Gestrickkanten schräg zur Fertigungsrichtung verwendet wird, kann durch das *Abketteln* (Abb. 2.13 b) eine feste Kante in MR-Richtung über der Gestrickbreite 90° zur Fertigungsrichtung hergestellt werden.

  Die aus den Umhängeprozessen resultierenden Belastungen des Maschenfadens sind beim Mindern auf wenige Maschen beschränkt. Im Anschluss an jeden Umhängevorgang erfolgt in der Regel eine Maschenbildung über die gesamte MR. Beim Abketteln geschieht die Maschenbildung Prinzip bedingt nur auf wenigen Nadeln im Bereich der umhängenden Nadel. Dadurch befinden sich vorgeschädigte Maschenfadenbereiche innerhalb eines kleinen Gestrickbereichs, wodurch die Gefahr der Zerstörung der Maschenstruktur sehr hoch ist. Die Umsetzbarkeit des Abkettelns erweist sich damit als schwierig.

- Zunehmen mit Maschenübertragung: Erfolgt die Vergrößerung der Strickbreite, kann dieses *Zunehmen mit Maschenübertragung* (Abb. 2.13 c) durch das Zunehmen ohne Maschenübertragung ersetzt werden. Durch das *Umhängen* ergibt sich eine lokal veränderte Struktur mit Locheffekt, die als formgebungsbedingte Strukturinhomogenität bezeichnet wird.

Die Zuordnung der Kettfäden ist für die Umsetzung des Maschenumhängens der ausschlaggebende Einflussfaktor. Normalerweise befindet sich immer nur ein Kettfaden zwischen zwei Nadeln. Bei dem Maschenumhängen müssen die die Masche übergebenden Nadeln die höchste Austriebsstellung (Übergabeposition) erreichen (Abb. 2.14). Dabei werden die Halbmaschen beim Austreiben der übergebenden Nadel besonders hoch beansprucht und können bei starker Maschenfadenzugkraft reißen. Es kann auch passieren, dass die Kettfäden bzw. die Kettfadenröhrchen von den weit ausgetriebenen Nadeln durchstochen werden (Abb. 2.15). Dabei werden die Maschenfäden zerstört, so dass die Maschenübertragung zur Formgebung nach Möglichkeit zu vermeiden ist.

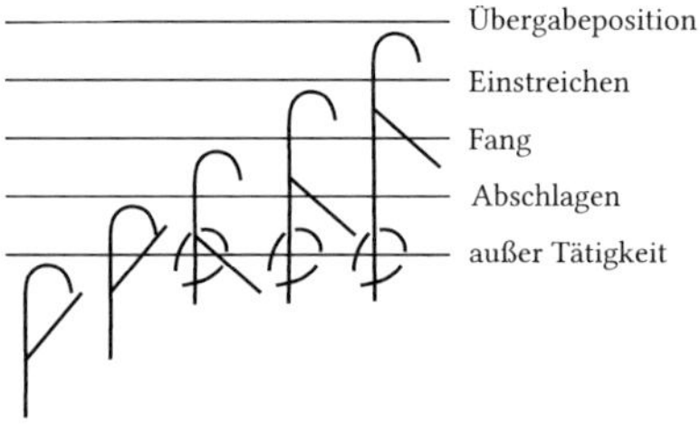

Abbildung 2.14: Nadelstellung an einer FSM unter Verwendung von Zungennadeln [Off05]

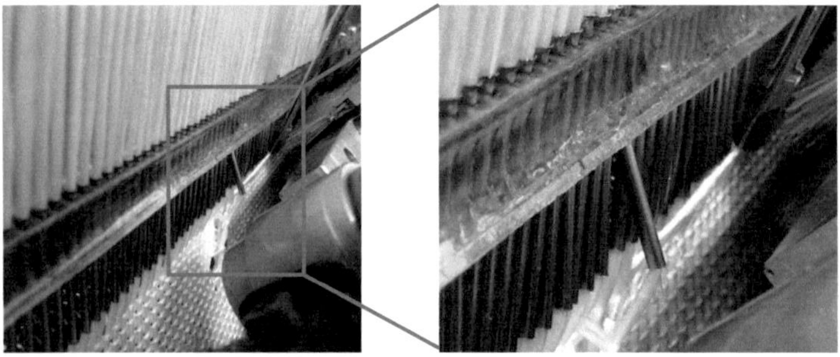

Abbildung 2.15: Lage des Kettfadenröhrchens nach Nadeldurchstoß

Durch die Schaffung der maschinentechnischen Vorausetzungen an der verwendeten FSM ist auch der *Einsatz mehrerer Fadenführer (FF)* möglich. Aufgrund der Konfiguration der FSM und zur Vermeidung von Kollisionen muss dabei jeder FF auf einer separaten FF-Schiene bewegt werden. Zur Realisierung einer in der Abbildung 2.16 dargestellten Gestrickkontur werden während des Strickprozesses je ein Schuss- und ein Maschenfadenführer (z. B. FF1 und FF2 sowie FF3 und FF4) zu einem Fadenführer-Paar zusammengefasst und gemeinsam bewegt. Auf diese Art und Weise lassen sich jedoch nur Gestricke mit einer 2D-Geometrie umsetzen. Allerdings können durch eine geeignete Auswahl des Fadenmaterials und die Einstellungen der Strickparameter lokal eine beanspruchungsgerechte Kett- und Schussfadendichte bzw. Verstärkungswirkung erreicht werden. Zur stricktechnischen Fertigung der Kontur in Abbildung 2.16 werden die Prozeduren II, III, IV und V solange wiederholt, bis die Konturierung erreicht ist. Die Gitterstruktur kennzeichnet die Verstärkungsfadenanordnung. Da die Möglichkeiten zur direkten Umsetzung einer 3D-Geometrie gering sind, gleichzeitig aber die Gefahr des Zerstörens der Maschenstruktur gegenüber dem Mindern und Abketteln deutlich reduziert ist, ist die Formgebung beim Einsatz mehrerer Fadenführer günstiger zu realisieren als beim Mindern und Abketteln.

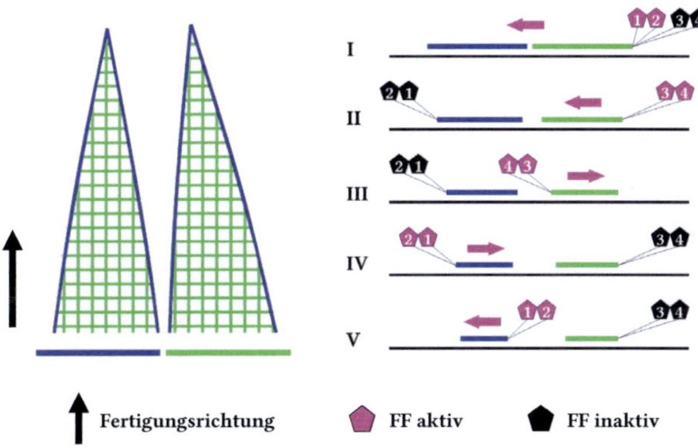

Abbildung 2.16: Bewegungsablauf beim Einsatz mehrerer FF im Strickprozess

Die beschriebenen Möglichkeiten zur Formgebung erlauben die Umsetzung von biaxial verstärkten 2-lagigen Gestricken entsprechend einer vorgegebenen äußeren Kontur bei gleichzeitiger Ausbildung von festen Kanten an allen Gestrickrändern.

Somit lässt sich die Umsetzbarkeit der Formgebungstechniken nach den Schwierigkeitsstufen von eins (einfach) bis vier (schwierig) einteilen:

Nadelparken:	1
Einsatz mehrerer FF:	2
Umhängen:	3
Mindern:	3
Abketteln:	4.

3 Festlegung der experimentellen Basis im Rahmen der Forschungsarbeit

3.1 Definition von Referenz- und Bauteilgeometrien

Die zur Umsetzung mittels MLG-Flachstricktechnik vorgeschlagenen 3D-Referenzgeometrien, die aus einem Kugelsegment abgeleitet werden, sind in der Abbildung 3.1 dargestellt. Die Annäherung an den *Eckverbinder* erfolgt dabei schrittweise über ebene, einfach bzw. doppelt gekrümmte Segmente. Die exemplarisch stricktechnisch umzusetzende Endgeometrie in Form des Eckverbinders ist ein Ausschnitt des funktionsintegrativen Fahrzeugsystemträgers (FiF) [SFB], in dem annähernd senkrecht aufeinander stehende Flächen in eine abgerundete Ecke übergehen (Abb. 3.1 rot markiert).

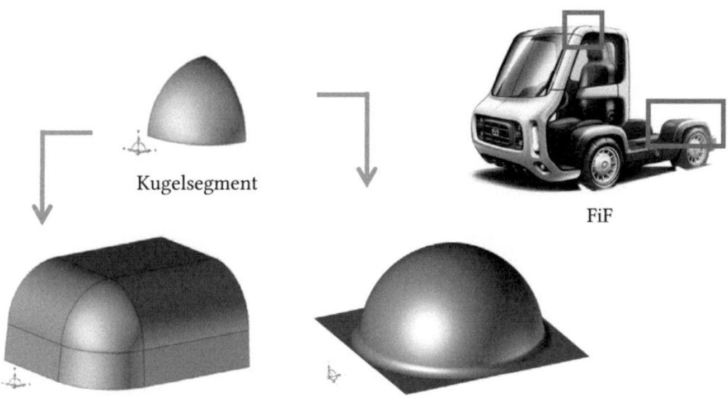

Abbildung 3.1: Geometrien zur Erprobung der Formgebung mittels Mehrlagenflachstricktechnik: Eckverbinder und Halbkugel

Die Referenzgeometrie der *Halbkugel* wird durch eine ebene Platte, die durch einen Radius angebunden ist, erweitert. Diese Geometrie wird im Rahmen der Arbeit besonders dazu genutzt, um die Ergebnisse des beanspruchungs- und bauteilgerechten Preformings mittels Flachstricktechnik am HGTT-Verbundbauteil zu überprüfen.

Des Weiteren werden die Probleme der Umsetzung der computergestützt ermittelten Gestrickkontur auf der Flachstrickmaschine anhand der Referenzgeometrien detailliert dargestellt. Genaue Geometrieangaben zu den Referenzgeometrien sind in Anhang A dargestellt.

Bei der stricktechnisch umzusetzenden Demonstratorgeometrie handelt es sich um einen *Kabinenträger* des FiF nach Vorgabe der Teilprojektpartner des SFB 639 [AK11]. Diese Bauteilgeometrie basiert auf einem U-Profil und ist insbesondere durch doppeltgekrümmte Bereiche gekennzeichnet, die bei Verwendung von nicht angepassten, flächigen Halbzeugen Schwierigkeiten bei der Drapierung bereiten (Abb. 3.2).

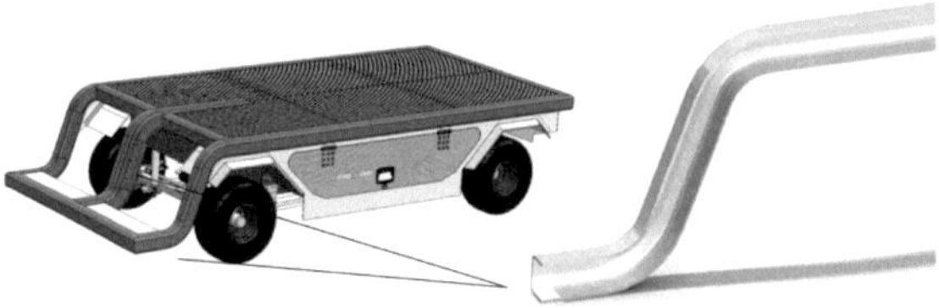

Abbildung 3.2: Kabinenträger und Einbausituation im FiF [Pos]

3.2 Maschinen- und Materialauswahl

3.2.1 Flachstrickmaschine *aries.3* der Firma Steiger

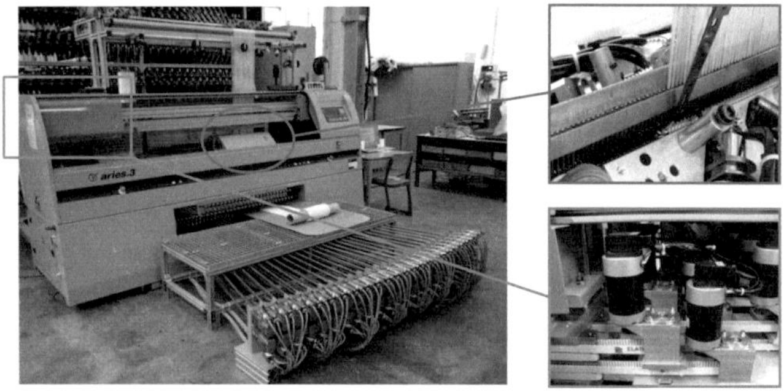

Abbildung 3.3: Flachstrickmaschine *aries.3* der Firma Steiger (links); geteilter Schlitten (rechts oben); Antrieb für Fadenführer (rechts unten)

Für die experimentellen Untersuchungen wird eine modifizierte Flachstrickmaschine *aries.3* der Firma Steiger in der Feinheit E7 (7 Nadeln pro Zoll) eingesetzt, die mit Zungennadeln ausgestattet ist (Abb. 3.3, links). Die FSM weist einen geteilten Schlitten (Abb. 3.3, rechts oben) für das Hinzufügen der Kettfäden und motorisch angetriebene Fadenführer (Abb. 3.3, rechts unten) auf. Die Modifikationen der Maschine betreffen damit die Möglichkeiten zur

Implementierung des Kett- und Schussfadensystems. Außerdem erfolgt die Installation eines segmentierten Abzugs bzw. eines segmentierten Kettfadenförderers zur Herstellung von formgerechten 2-lagigen Biaxialgestricken.

Implementierung des Kettfadensystems

Bei der Implementierung des Kettfadensystems müssen folgende Bereiche betrachtet werden (Abb. 3.4) [Ceb06]: (i) Fadenspeicherung (Gatter, Fadenbremse), (ii) Fadenführung (Bereich zwischen der Fadenspeicherung und der Strickstelle) und (iii) Strickstelle (Bereich der Maschenbildung).

Abbildung 3.4: Kettfadenführung an der FSM *aries.3* der Firma Steiger

i - Kettfadenzuführung im Bereich der „Fadenspeicherung“. Die Kettfäden werden auf dem Spulengatter gespeichert. Sie werden dazu auf einer bewegten Spule mit einer rotierenden Achse gelagert und tangential abgezogen. Die Fadenspannung wird durch eine Blattfederbremse erzeugt, die sich direkt hinter der Spule befindet (Abb. 3.5).

(a) (b)

Abbildung 3.5: (a) Kettspulengatter; (b) Kettfadenbremse

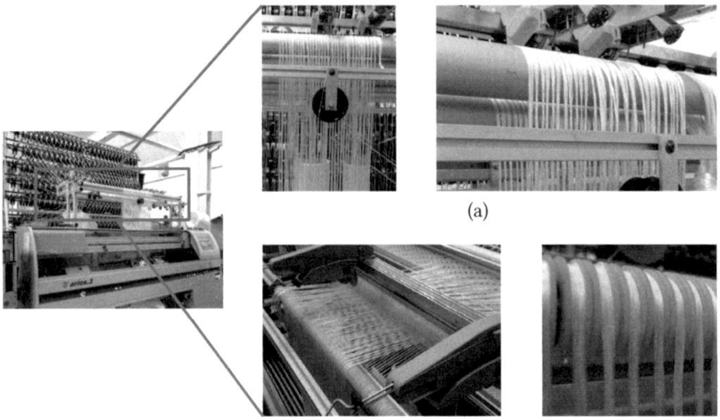

(a)

(b)

Abbildung 3.6: Kettfadenumlenkung für das Kettfadensystem oberhalb der Strickstelle: (a) Umlenkung aller Kettfäden mittels einer durchgehenden Aluminiumwalze; (b) separate Umlenkung für jeden Kettfaden

ii - Kettfadenzuführung im Bereich der „Fadenführung". Die Zuführung der Kettfäden (Abb. 3.6) in den Maschenbildungsbereich erfolgt nach Umlenkung von oben durch die Metallschienenröhrchen zwischen den Nadelträgern (Nadelbett) der Strickmaschine. Erste Versuche weisen darauf hin, dass die gesamte Kettfadenumlenkung durch eine komplette Aluminiumwalze zu stark schwankenden Schussfadendichten führt. Außerdem zeigen sich bei der 3D-Formgebung bogenförmig angeordnete Schussfäden im Gestrick. In Abbildung 3.7 ist ein solcher Abschnitt beispielhaft dargestellt. Die endgültige Ausbildung der 3D-Preform muss daher noch durch aufwendige manuelle Drapiervorgänge im Anschluss an die stricktechnische Fertigung unterstützt werden. Um hierbei eine Verbesserung zu erzielen, wird eine konstruktive Änderung vorgenommen, indem für jeden Kettfaden eine separate Umlenkung installiert wird.

Dennoch hat auch die separate Kettfadenumlenkung den Nachteil (Abb. 3.7 b), dass ein erhöhter Kraftaufwand für den Abzug benötigt wird. Die Krafteinleitung muss ausgehend vom Abzug über den Gestrickbereich bis hin zu den Kettfäden erfolgen.

Die Zuführung der Kettfäden wurde durch Forschungsarbeiten am ITM noch weiter verbessert, indem eine aktive Kettfadenzuführung konstruiert und an der Maschine angebaut wurde (Abb. 3.8 a). Es ist notwendig, alle in der Kettfadenzuführung auftretenden Reibkräfte auf ein vorgebbares Maß zu reduzieren. Durch den Einsatz von geregelten Servomotoren, die mit Zustellwalzen gekoppelt sind, können einzelne Fäden oder Fadenscharen programmgesteuert dem Strickprozess bedarfsgerecht zugeführt werden. Die Reibkräfte in der Kettfadenzuführung werden dabei durch die aktive motorische Zustellung überwunden. Bei 3D-Strukturen muss die Kettfadenzustellung zusätzlich mit dem segmentierten Abzugsprogramm satzweise synchron ablaufen, was aber einen erheblichen zusätzlichen Programmieraufwand erfordert.

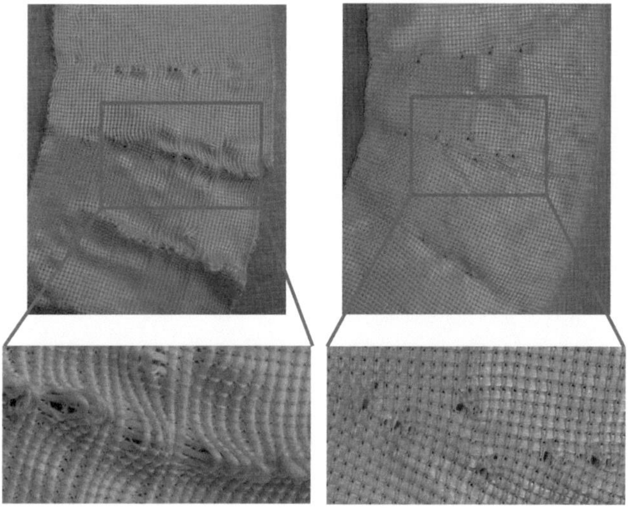

(a) (b)

Abbildung 3.7: Beispiel der 2-lagigen Biaxialgestricke realisiert durch Kettfadenzuführung von: (a) gesamter Umlenkung; (b) separater Umlenkung

Ein neu geschaffener Zustellzyklus, der aus mehreren Schritten besteht, beseitigt diesen Nachteil, ermöglicht einen asynchronen Betrieb und schafft zusätzliche Prozesssicherheit. Der Servomotor übernimmt neben der eigentlichen Zustellfunktion auch die Messgliedfunktion. Wird der Zustellschritt in der Kettfadenzuführung kleiner als der programmierte Abzugswert des segmentierten 3D-Abzugs gewählt, dann wird der Fadenbedarf durch entsprechend viele Einzelschritte automatisch aufgefüllt. Dadurch entfällt eine aufwendige Schrittsynchronisation zu den programmierten Abzugsschritten des segmentierten Abzugs [Klu14]. Im Ergebnis sind die beim Abzug des Gestrickes aufzubringenden Kräfte deutlich niedriger, da die benötigen Kettfadenlängen annähernd geometrie- bzw. bauteilabhängig geliefert werden. Die Zustellwerte des Kettfadenförderers werden in Kombination mit dem segmentierten Abzug experimentell festgelegt. Die Ergebnisse der Vorversuche sind im Kapitel 4.5 dargestellt. Für den Kettfadenförderer ist eine der Gestrickkontur entsprechende Programmierung nicht notwendig.

Derzeit werden maximal neun Kettfäden pro Kettfadenförderer weggesteuert. Mitnahmeeffekte benachbarter Kettfadenspulen während der Umlenkung sind dabei nicht ausgeschlossen (Abb. 3.8 b).

iii - Kettfadenzuführung im „Maschenbildungsbereich“.

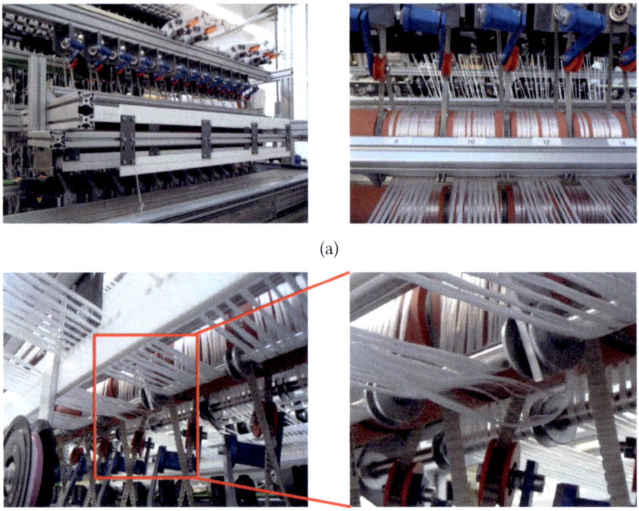
(a)

(b)

Abbildung 3.8: Kettfadenförderer: (a) Gesamt- und Detailansicht von vorn; (b) Gefahr des Auftretens von Mitnahmeeffekten

Die Kettfäden befinden sich zwischen dem Arbeitsbereich des Maschen- und des Schussfadenführers und werden in Nadelbettrichtung jeweils zwischen zwei Nadeln zugeführt. Die Anordnung der Kettfäden im Bereich der Maschenbildung ist durch Kettfadenröhrchen bzw. -bleche gesichert, um die Vorschädigungen der Kettfäden während des Strickprozesses zu vermeiden (Abb. 3.9).

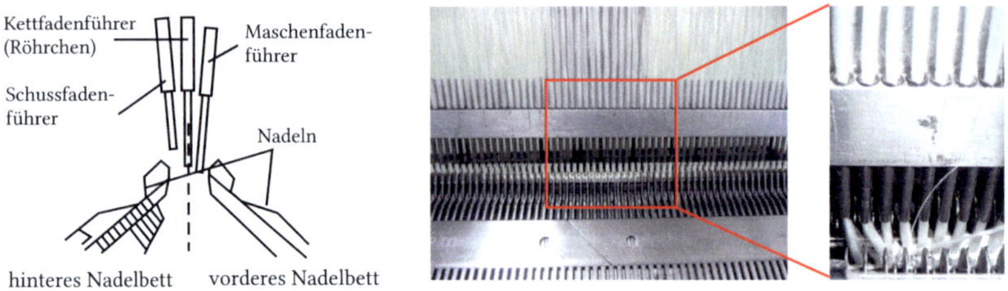

(a)

(b)

Abbildung 3.9: Maschenbildungsbereich einer FSM für 2-lagige Biaxialgestricke: (a) Seitenansicht [Ceb06]; (b) Kettfadenblech mit -röhrchen (Vorderansicht)

Der Zwischenraum zwischen den ausgetriebenen Stricknadeln ist durch die Anordnung der

Kettfadenröhrchen beschränkt. Um den Zwischenraum vollständig auszunutzen, wird der Querschnitt der Kettfadenröhrchen soweit wie möglich reduziert. Ob damit eine Verbesserung bei der Formgebung möglich ist, wird im nachfolgenden Kapitel 5.1 experimentell ermittelt.

Implementierung des Schussfadensystems

Die Schussfäden können von jeder Seite der FSM eingetragen werden. Die Abbildung 3.10 (a) zeigt die Zuführung eines Schussfadens von der rechten Seite der FSM. Bei der für die Herstellung von 2-lagigen Biaxialgestricken verwendeten modifizierten FSM werden einfache Fadenrückhalteelemente eingesetzt, die aus einem Ring und einem elastischen Faden bestehen (Abb. 3.10 b). Das Ziel ist es, mit Hilfe der Rückhalteelemente Einsprünge und Maschenplatzen am Gestrickrand zu vermeiden. Außerdem werden die Schussfäden durch diese Elemente unter Zugspannung gehalten und gleiten nicht unter die austreibenden Nadeln. Dennoch kommt es häufig zum Anstechen der Schussfäden und zum Maschinenstillstand [Sch13].

(a) (b)

Abbildung 3.10: (a) Schussfadenzuführung von rechts; (b) Rückhalteelement für den Schussfaden

In einer Maschenreihe erfolgen das Einlegen des Schussfadens mittels Schussfadenführer und unmittelbar darauf die stricktechnische Fixierung der Kett- und Schussfäden durch die Maschenbildung (Abb. 3.11).

Segmentierter Abzug

Durch den Abzug an der Strickmaschine werden die für die Maschenbildung essentielle Warenspannung erzeugt und dadurch das Abschlagen der Maschen von den Nadeln sichergestellt. Während der Nutzung des serienmäßig verwendeten Gestrickabzugs bei der Herstellung von 3D-Preforms aus 2-lagigen Biaxialgestricken werden folgende Defizite festgestellt [SL12]:

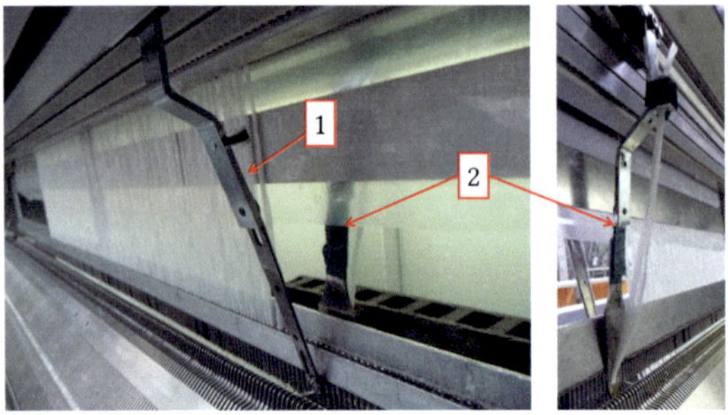

Abbildung 3.11: Position von Maschenfaden- und Schussfadenführer an der Strickstelle: 1-Maschenfadenführer; 2-Schussfadenführer

- eine unzureichend einstellbare lokale Abzugswirkung über die Gestrickbreite,
- schwankende Schussfadendichten bei der Anwendung der Formgebungstechniken und
- teilweise erhebliche Abweichungen der IST-Geometrie von der SOLL-Geometrie der Preform.

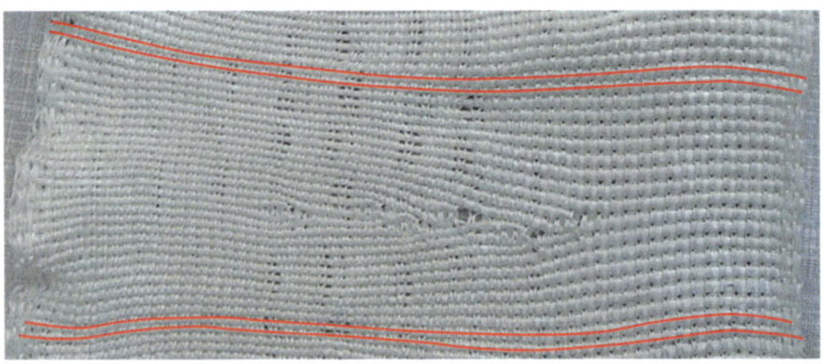

Abbildung 3.12: Preform mit schwankenden Schussfadendichten

Für die stricktechnische Fertigung von 3D-Preforms für komplexe Bauteilgeometrien ist der Einsatz eines segmentierten Abzugssystems unerlässlich. Erfolgt die Formgebung mittels Stricktechnologie ohne einen derartigen Abzug, ist ein Nachdrapieren der MLG erforderlich, um die Formgebung zu erzielen und dabei die Schussdichten anzugleichen. Dies ist mit einem großen zeitlichen und manuellen Aufwand verbunden (Abb. 3.12). Dieser Drapieraufwand soll durch Anwendung eines segmentweise steuerbaren Abzugs extrem verringert werden bzw. nahezu entfallen [CKD+12].

Im Rahmen der Dissertation von SCHULZ [Sch13] wurde ein segmentierter Gestrickabzug für die FSM Steiger *aries.3* entwickelt, der eine abschnittsweise unterschiedliche Abzugswirkung bei der Gestrickherstellung ermöglicht und u. a. folgende Anforderungen erfüllt:

- 50 unabhängig voneinander arbeitende Abzugssegmente auf einem Meter Gestrickbreite,
- eine mechanische Entkopplung der Abzugssegmente voneinander,
- eine weggeregelte Steuerung,
- eine sowohl positive als auch negative Zustellung von Abzugswegen und
- eine Zustellgenauigkeit von $\pm 0{,}035$ mm.

Die konstruktive Entwicklung des segmentierten Abzugs basiert auf systematisch erarbeiteten Lösungsprinzipien für das mechanische Abziehen von textilen Strukturen, die u. a. in Bezug auf eine Änderung der Ausrichtung der Verstärkungs- und Maschenfäden, eine Beschädigung der Verstärkungs- und Maschenfäden, den Verzug der MLG-Lagen zueinander, die erreichbare Abzugskraft und die Komplexität der Baugruppen bewertet werden [Sch13]. Die Vorzugslösung für den segmentierten Abzug, die inzwischen an der FSM installiert wurde, besteht aus je einer angetriebenen Abzugswalze und einer federkraftbelasteten Andruckwalze, die in horizontaler und vertikaler Richtung verstellbar ist.

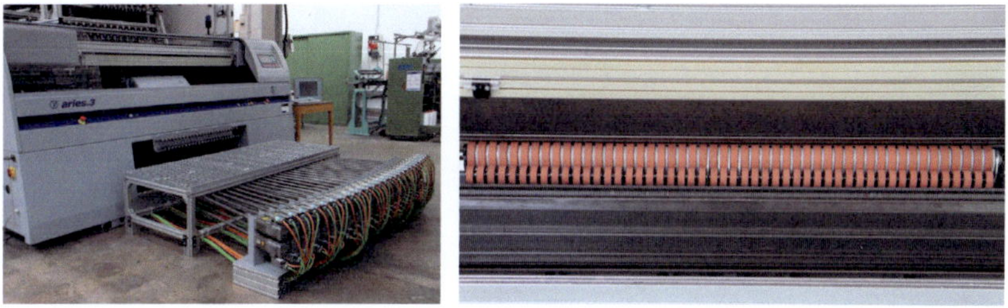

(a) (b)

Abbildung 3.13: Flachstrickmaschine mit segmentiertem Abzug [Sch13]: (a) Servomotoren für die Abzugswalzen; (b) Abzugs- und Andruckwalzen bei geöffnetem Nadelbett

Nach der Integration des segmentierten Abzugs (Abb. 3.13) und des Kettfadenförderers wird deren Arbeitsweise durch systematische Strickversuche mit unterschiedlichen Schussfadendichten hinsichtlich der Maschineneinstellparameter, der Abzugs- und Kettfadenzustellbeträge charakterisiert. Ziel der Vorversuche ist es, zu ermitteln, ob es möglich ist, ein reproduzierbares und ausgeglichenes Verhältnis von Kett- und Schussfadendichte zu erreichen [SL12]. Ausführliche Erläuterungen hierzu erfolgen in den Kapiteln 4.5 und 5.1.

3.2.2 Biaxial verstärkte 2-lagige Gestricke

Wie in den vorangegangenen Kapiteln beschrieben, wird die Entwicklung und Herstellung gekrümmter 3D-Preforms auf der modifizierten FSM Steiger *aries.3* auf jeweils eine Kett- und

Schussfadenlage (2-lagige Gestricke) beschränkt. Als Referenzmaterial für die experimentellen Untersuchungen im Rahmen dieser Arbeit dient das auch im SFB 639 angewandte Basis-Hybridgarn-Biaxialgestrick MLG-V1a (siehe Abb. 3.14 und Tabelle 3.1).

Abbildung 3.14: Referenzmaterial MLG-V1a mit einer Kett- und Schussfadendichte von 2,76 Fäden pro Zentimeter

Tabelle 3.1: Strukturaufbau des Referenzmaterials MLG-V1a (Auszug [CK11])

Fadenbezeichnung		Fadenanzahl je FF	Gesamtfeinheit in tex	Garnanteil in Gew.-%			GF-Anteil in Vol.-%			Verhältnis KF:SF
				KF	SF	MF	KF	SF	MF	
Flächenmasse: 940 g/m², theor. GF-Anteil: 54,7 Vol.-%, gem. GF-Anteil: 54,8 Vol.-%										
KF/SF	TWINTEX®	1	1398,0	41,6	41,9	-	24,3	24,5	-	1:1 (2,76 Fd/cm)
MF	Hybridgarn	1	138,5	-	-	16,5	-	-	5,9	-

FF: Fadenführer; KF: Kettfaden; SF: Schussfaden; MF: Maschenfaden; Fd: Faden

Als Verstärkungsfäden werden die kommerziell hergestellten TWINTEX®-Hybridgarne aus E-Glas- und Polypropylen-Filamenten [TWI] in Kett- und Schussrichtung angewendet. Als Maschenfadensystem wird das am ITM gefertigte GF/PP-Commingling-Hybridgarn mit einer Fadenfeinheit von 138,5 tex eingesetzt.

Folgende weitere Materialeigenschaften sind zur Entwicklung der Referenz- und Demonstratorgeometrien im Rahmen der Arbeit notwendig und werden deshalb neben den Standardprüfungen bestimmt:

- *Textilien*/Ermittlung des kritischen Scherwinkels mittels Scherrahmen an der Zugprüfmaschine
- *Verbund*/Lichtmikroskopieaufnahme an Schliffbildern
- *Verbund*/Bestimmung des Zugverhaltens (nach DIN EN ISO 527-4).

Die Darstellung und Auswertung der Versuchsergebnisse erfolgt in den jeweiligen Kapiteln 6.1.3 und 4.3.2.

4 Gestaltung einer digitalen Prozesskette zur Fertigung von 3D-Preforms auf Basis der Flachstricktechnik

Das Biaxialflachstricken eignet sich besonders zur Herstellung formgerechter 3D-Verstärkungshalbzeuge. Neben der bereits beschriebenen Maschinenmodifikation ist die Entwicklung und Anwendung von CAx-Softwarelösungen zur Herstellung dieser neuen Verstärkungshalbzeuge von besonderer Bedeutung. Der Aufbau einer digitalen Verbindung zwischen der 3D-Bauteilgeometrie und der Strickmusterumsetzung (Abb. 4.1) ist eine unabdingbare Voraussetzung, um die 3D-Preforms aus biaxial verstärkten Gestricken beanspruchungs- und verarbeitungsgerecht in effektiver Weise herzustellen.

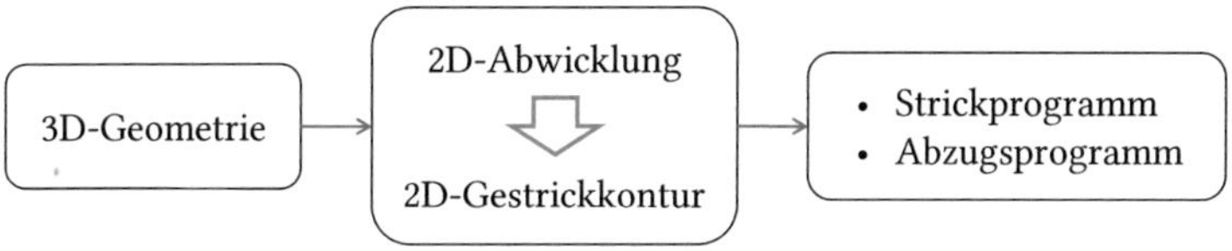

Abbildung 4.1: Computergestützter Entwicklungsablauf

Es wird dabei in den folgenden Schritten vorgegangen:

1. Ausgangspunkt ist die 3D-CAD-Geometrie eines Bauteils, die durch eine geeignete Anordnung von Teilungslinien in eine verzerrungsfreie bzw. verzerrungsarme 2D-Abwicklungskontur überführt werden kann.
2. Unter Berücksichtigung der in der Biaxialflachstricktechnik zur Verfügung stehenden Formgebungstechniken und durch die Visualisierung der Anordnung der Verstärkungsfäden auf der Geometrieoberfläche können aus der Vielzahl möglicher Konturvarianten Vorzugskonturen ausgewählt werden, die der benötigten Beanspruchung gerecht werden und gut zu fertigen sind.
3. Die ermittelte Gestrickkontur wird danach unter Berücksichtigung der Maschinenfeinheit und der geforderten Schussfadendichte berechnet, so dass eine gestufte Gestrickkontur entsteht.
4. Anschließend wird die berechnete Kontur mit unterschiedlichen Koeffizienten für die Strickprogrammierung bzw. zur Erstellung des Abzugsprogramms exportiert und datentechnisch aufbereitet. Somit können die zur stricktechnischen Fertigung benötigten Programme bauteilgerecht in effektiver Weise erstellt werden.

Diese oben genannten Entwicklungsschritte werden unter Verwendung geeigneter Softwarelösungen im weiteren Text detailliert ausgeführt.

4.1 Auswahl und Verknüpfung der Softwarelösungen

„Seit Mitte der 1990er Jahre begann quer durch alle Branchen und Anwendungsgebiete die Orientierung auf 3D-CAD-Systeme, die bis heute anhält“ [Vaj01]. 3D-CAD-Systeme bilden die Voraussetzung für Maßnahmen der Daten- und Funktionsintegration im Produktentstehungsprozess. Eine dreidimensionale Arbeitsweise bietet den erheblichen Vorteil, dass der Zusammenhang zwischen der Bauteilgeometrie und dem zu entwickelnden Produkt jederzeit gegenwärtig ist.

Die allgemeinen Vorteile von 3D-CAD-Systemen bestehen u. a. nach [Vaj01] in:

- einer vollständigeren Beschreibung der Produktmodelle,
- dem Erkennen und Vermeiden von funktionalen und fertigungstechnischen Problemen (Verringerung der Optimierungszyklen im Produktentwicklungsprozess),
- der Nutzung „intelligenter“ Funktionen für den Entwurfsprozess (parametrisches und featurebasiertes Modellieren),
- der Verwendung von 3D-Modellen als Voraussetzung zur Anbindung weiterer Anwendermodule (FEM-Module, ...) sowie als Kern neuer Technologien im Produktentstehungsprozess (Virtuelle Produktentwicklung, Digital Mock-up),
- der Verbesserung der Kommunikation im Unternehmen, Schaffung von Möglichkeiten zur zeitparallelen Produktentwicklung (Simultaneous Engineering) und
- der Einbeziehung neuer Technologien (Rapid Prototyping) zum Herstellen von Versuchsteilen [Krz05].

Im Rahmen dieser Arbeit wird die Softwarelösung *DesignConcept 3D (DC3D)* der Firma Lectra [Lec] für die Generierung der 2D-Abwicklungen eingesetzt. Diese Software ist durch einen parametrisch assoziativen Konstruktionsmodus besonders geeignet, die zunehmend geforderte Modellvielfalt in effektiver Weise zu realisieren. Die virtuelle Bauteilgeometrie kann mithilfe *DC3D* erstellt oder, falls bereits vorhanden, über Direktkonvertierung oder neutrale, herstellerunabhängige Schnittstellenformate (z. B. IGES, STEP) von anderen Softwarelösungen (*AutoCAD, CATIA, Solidworks* usw.) übernommen werden.

Nach der Generierung und Bewertung möglicher 2D-Abwicklungen wird zunächst davon ausgegangen, dass die Erstellung des Strickprogramms mittels der Software *Model* des FSM-Herstellers Steiger erfolgen kann. Dieses Programm verfügt über eine mit *DC3D* kompatible Schnittstelle, um die Abwicklungskontur im Grafikformat ∗.bmp (Pixel) für die Erstellung des Strickprogramms einzulesen (Tab. 4.1). Dabei ist zu berücksichtigen, dass die Pixel innerhalb der Kontur der Maschenstruktur zugeordnet werden müssen. Dies ist durch eine Skalierung für die Grafikdatenübertragung zwischen den Softwarelösungen möglich. Dazu werden die Skalierungskoeffizienten berechnet (siehe Abb. 4.3).

Die eingelesene Kontur ist damit jedoch noch nicht endgültig stricktechnisch angepasst. Aufgrund der Integration der Verstärkungsfäden zur Herstellung von 2-lagigen Biaxialgestricken

Tabelle 4.1: Datenformate zur Konturbearbeitung

	Ausgangsdaten	**Schnittstelle**	**Zieldaten**
Software	*DesignConcept 3D*		*Model*
Bezeichnung	2D-Abwicklungskontur	Grafik (∗.bmp)	Strickprogramm
Maßangabe	Millimeter/Zoll	Pixel (Auflösung)	Maschenanzahl
Darstellung	Linie	Raster	Raster/Maschen

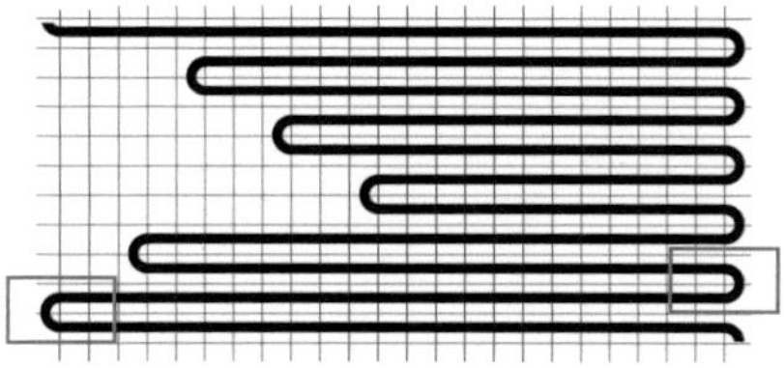

Abbildung 4.2: Umkehrung des Schussfadens

ist nicht nur die Modifikation der Flachstrickmaschine sondern auch eine Anpassung der Kontur im Strickprogramm erforderlich (Abb. 4.2). Beim Ableiten der Kontur ist darauf zu achten, dass jeweils zwei Maschenreihen ein Paar bilden. Das bedeutet, die letzte strickende Nadel ist nach der Umkehr die erste strickende Nadel. Deshalb wird die 2D-Kontur mittels *MATLAB* [MAT] entsprechend der gewünschten Nadel- und Maschenreihenanzahlen umgerechnet.

Eine ähnliche Vorgehensweise zur Skalierung der Daten wurde für die Programmierung des Abzugs angewandt, um die Einstellwerte für die Abzugswalzen in *Excel* bereitzustellen.

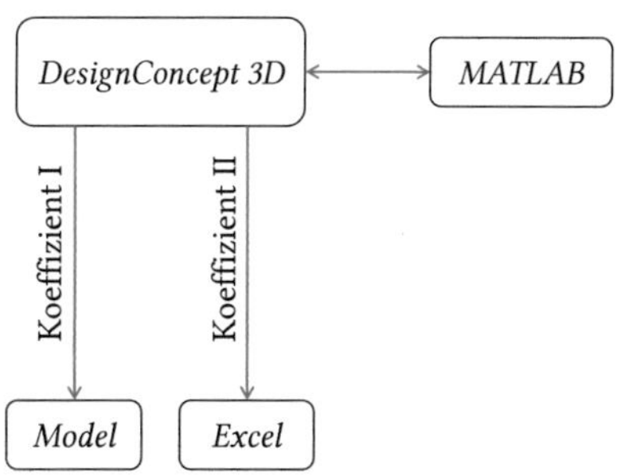

Abbildung 4.3: Computergestützte Prozesskette: Datenübertragung unter Berücksichtigung der notwendigen Skalierung

Um formgerechte Biaxialgestricke herzustellen, sind momentan vier Softwarelösungen erforderlich (Abb. 4.3). Die bei der Datenübertragung entstehenden Probleme sowie die dafür entwickelten Lösungsmöglichkeiten werden nachfolgend eingehend vorgestellt.

4.2 Simulationsgestützte Ermittlung der Gestrickkontur

Die Software *DC3D* basiert auf der 3D-CAD-Software *TopSolid* und wurde von der Firma Lectra durch ein Anwendermodul ergänzt, das es ermöglicht, die zweidimensionalen Zuschnitte aus den 3D-Geometriemodellen automatisch abzuleiten und Machbarkeitsstudien auszuführen [Krz05, Lec]. Durch eine Arbeitsweise im assoziativen Modus können Geometrievarianten schnell erzeugt bzw. verändert werden (Abb. 4.4).

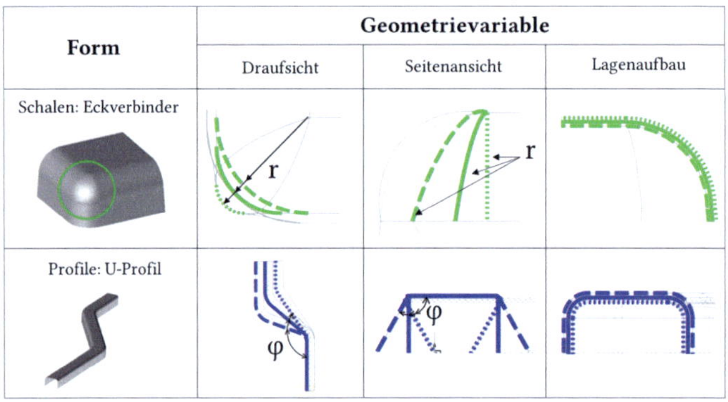

Abbildung 4.4: Geometrieveränderung durch Parametrisierung

Um die 3D-Geometrie bzw. die darauf definierten Schnittteile in der Ebene abbilden zu können, muss die jeweilige Oberfläche innerhalb der Schnittteilgrenzen vernetzt werden (Abb. 4.5). Die Vernetzung erfolgt in der Regel durch Dreiecks- bzw. Viereckselemente. In den letzten Jahren wurden immer neue Algorithmen zur automatischen Vernetzung entwickelt. Die Vernetzung kann außerdem unter Berücksichtigung der Geometrie krümmungsabhängig oder uniform erfolgen. Bei starken Krümmungsänderungen oder kleinen Bauteilradien aber großen Bauteilabmessungen bietet es sich zur Minimierung der Rechenzeit an, eine krümmungsabhängige Vernetzung zu wählen. Die Vernetzung, die in dem Programm *DC3D* von Lectra als „Region" bezeichnet wird, liegt auf der Oberfläche und beschreibt deren Konturen. Sie ist unabhängig von der Ausdehnung der Flächen und kann sich deshalb über beliebig viele Flächen erstrecken [Krz05]. Zur Berechnung der 2D-Schnittteile wird eine kinematische Modellierungs- und Simulationsstrategie angewandt. Eine ausführliche Beschreibung der mathematischen Algorithmen ist u. a. in [Wee91, Gir11] zu finden.

Eine Region wird durch Kanten, Scheitelpunkte und Dreiecke charakterisiert. Jede Region setzt sich aus einer Vielzahl von Dreiecken zusammen, deren Größe definierbar ist. Je kleiner die Seitenlänge der Dreiecke definiert wird, umso länger werden die benötigten Rechenzeiten für die Vernetzung und die nachfolgende Abwicklung in 2D. Ziel muss es deshalb sein, die Dreieckslänge so zu wählen, dass die Approximation der Fläche hinreichend genau ausgeführt wird.

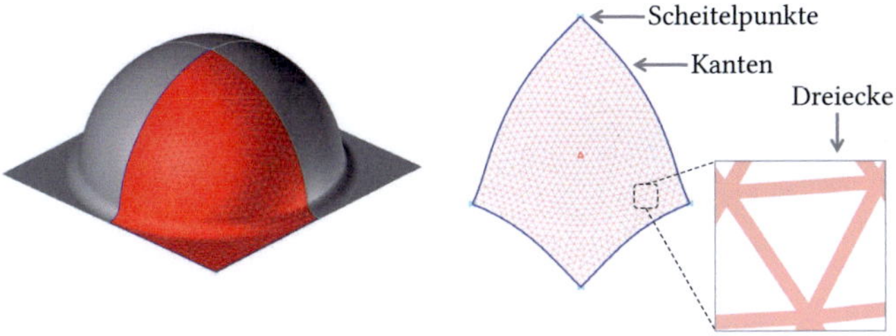

Abbildung 4.5: Region in 3D bzw. 2D am Beispiel der Halbkugel mit ebener Auflage

Die Fläche und die Außenkontur der 2D-Abwicklung werden wesentlich durch den Startpunkt für das Auflegen der Verstärkungsstruktur zum Drapieren beeinflusst. Wie aus Abbildung 4.6 ersichtlich, unterscheiden sich die berechneten Abwicklungen bei unterschiedlichen Startpunkten. Für alle weiteren Betrachtungen wird der Startpunkt b gewählt.

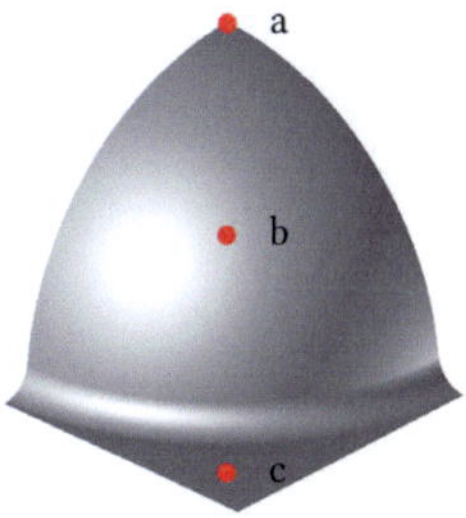

Startpunkt	Fläche der Abwicklung [mm²] bei Dreieckslängen von 5 mm	
	3D	2D
a	63.309	63.175
b		63.175
c		63.040

Abbildung 4.6: Vergleich der Flächeninhalte der Abwicklung bei Variation des Startpunktes: a-Scheitelpunkt; b-Flächenschwerpunkt; c-Punkt auf der Auflagefläche

Die Abwicklung komplizierter 3D-Flächenformen in der Ebene ist immer mit einer Verzerrung verbunden, die aus der Scherung resultiert. Die Farbdarstellung der Machbarkeitsstudie weist die bei einem Kugelsegment auftretenden Scherwinkel aus (Abb. 4.7). Die ermittelten Scherwinkel liegen bei maximal 5°. Wird eine Halbkugel durch weniger Schnittteile realisiert, zeigen sich in der Abwicklung deutlich höhere Scherwinkel. Durch die Verzerrungen wird die Orientierung der Verstärkungsfäden verändert, was wiederum zu einer Verschlechterung der mechanischen Bauteileigenschaften führen kann [CK11].

Um eine verzerrungsarme Abwicklung auch bei komplizierten oder stark gekrümmten Geometrien zu realisieren, ist es erforderlich, geeignete formgebende Elemente in Form von Teilungslinien einzufügen, die eine Materialanhäufung oder -ausdünnung vermeiden und zur stricktechnischen Fertigung geeignet sind [CK11, CKD^{+}12].

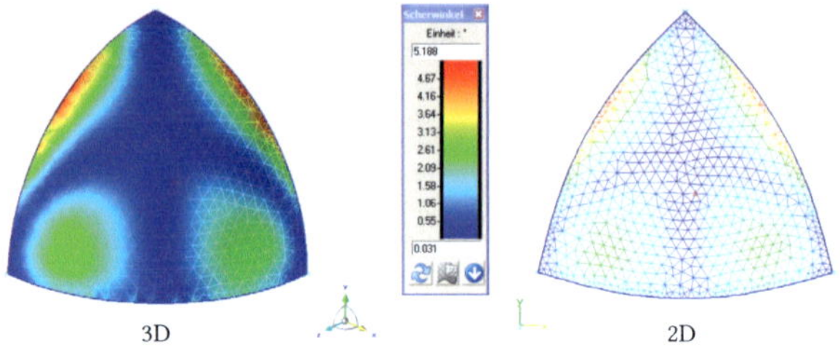

Abbildung 4.7: Strukturverzerrung der Abwicklungskontur in 3D/2D am Beispiel Kugelsegment

4.3 Bewertungskriterien für die Auswahl der Gestrickkontur

Da die Platzierung der virtuellen Teilungslinien sehr variabel gestaltbar (Abb. 4.8) und computergestützt optimierbar ist, besteht die Notwendigkeit, die entstehenden 2D-Abwicklungskonturen je nach der Anwendung anhand folgender, von [Tru06, CKD+12] definierter Kriterien, zu analysieren und zu bewerten :

- erreichbare Geometriegenauigkeit, z. B. Orientierung der Verstärkungsfäden (P_{FO}),
- Umsetzbarkeit der zur Formgebung benötigten Stricktechniken unter Berücksichtigung der Verstärkungsfadenorientierung (P_{UM}),
- Fertigungsmöglichkeit der 3D-Preform in einem Arbeitsgang (P_{3D}),
- Anzahl und Position der Stoß-/Überlappungsstellen (P_{Stelle}) und
- Notwendigkeit einer Nacharbeit zur Erzielung der textilen Preform (P_{NA}).

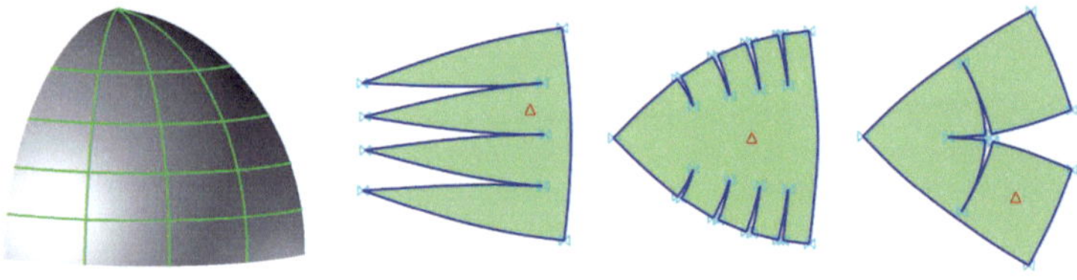

Abbildung 4.8: Möglichkeiten zur Positionierung von Teilungslinien und der daraus resultierenden 2D-Abwicklungskontur

Die Bewertung innerhalb eines Kriteriums (P_{Kriterum}) erfolgt durch die Vergabe von Punkten von 1 (schlecht) bis 4 (gut). Die Wichtigkeit der einzelnen Kriterien wird durch die Faktoren (i) von 1 (notwendig) bis 3 (am wichtigsten) berücksichtigt [Tru06, CKD+12].

Das wichtigste Kriterium ist *die realisierte Verstärkungsfadenorientierung in der Preform (P_{FO} mit Wichtungsfaktor i=3)*. Die gewünschte Fadenorientierung wird je nach dem Einsatz des FKV-Bauteils mittels Belastungsanalyse definiert. Wird die angestrebte Vorzugsorientierung der Verstärkung auf der gesamten Bauteiloberfläche erzielt, werden 4 Punkte vergeben. Dementsprechend bedeutet die Vergabe von nur einem Punkt keine Übereinstimmung zwischen erreichter und gewünschter Fadenorientierung.

Ein weiteres wesentliches Bewertungskriterium ist *die Umsetzbarkeit der zur Formgebung notwendigen Stricktechniken auf der angewendeten FSM (P_{UM} mit Wichtungsfaktor i=3)*. Besondere Herausforderungen für die stricktechnische Formgebung ergeben sich durch die Integration der gestreckt liegenden Verstärkungsfäden in Kett- und Schussrichtung in die Maschenstruktur sowie durch die Verwendung von Hybridgarnen als Maschenfadenmaterial. Wie im Kapitel 2.4 bereits genannt, ist der Schwierigkeitsgrad der Umsetzbarkeit der Formgebungstechniken unterschiedlich (siehe Bewertung in Tab. 4.2).

Tabelle 4.2: Bewertung der Formgebungstechniken

Formgebung	**Schwierigkeit**	**Bewertung (P_{Fi})**
Nadelparken	1	4
Einsatz mehrerer FF	2	3
Umhängen	3	2
Mindern	3	2
Abketteln	4	1

Damit gilt für die Bewertungen der eingesetzten Formgebungstechniken:

$$P_{UM} = \frac{\sum P_{Fi}}{A^2}. \tag{4.1}$$

Dabei ist P_{Fi} die Punktzahl für die anzuwendende Stricktechnik und A die Anzahl der anzuwendenden Techniken.

Ein weiteres Ziel der Arbeit besteht in der *Fertigung der 3D-Preform in einem Arbeitsgang (P_{3D} mit Wichtungsfaktor i=2)*. Können bei einer Variante alle Kanten fertigungstechnisch verbunden werden, erfolgt die Vergabe von 4 Punkten. Varianten, bei denen eine stricktechnische Verbindung der Kanten nicht möglich ist, werden mit einem Punkt bewertet.

Ist das Verbinden der Kanten während des Strickens nicht realisierbar, müssen *Stoß-/Überlappungsstellen (P_{Stelle} mit Wichtungsfaktor i=2)* für den Preformaufbau vorgesehen werden. Ob sich damit Schwachstellen im späteren Verbund ergeben, die die mechanischen Eigenschaften wesentlich absenken, muss anwendungsabhängig experimentell untersucht werden. Um den Ergebnissen in Kapital 6 nicht vorzugreifen, wird die Variante ohne Stoß-/Überlappungsstellen mit 4 Punkten bewertet. Demnach wird für eine Variante mit mehreren Teilungslinien, die auch noch in stark beanspruchten Bereichen liegen, 1 Punkt vergeben.

Wie bereits erwähnt, kann es ziemlich kompliziert sein, die gewünschte Formgebung ausschließlich mit stricktechnischen Mittel umzusetzen. Anhand eines auf Druck beanspruchten generischen HGTT-Verbundbauteils (Halbkugel mit ebener Auflage) wird deshalb untersucht, welche Auswirkungen veränderte Fadenorientierungen und Einschnitte auf das strukturmechanische Verhalten haben. Erweist es sich als möglich, textiltechnische Formgebung und konfektionstechnisches Fügen miteinander zu kombinieren, ohne signifikante Minderungen der mechanischen Eigenschaften hinnehmen zu müssen, könnte der Formgebungsaufwand künftig reduziert werden (siehe Kapitel 6) [KLBK14].

Darüber hinaus soll in der Bewertung der Aufwand für *die notwendige Nachbearbeitung der textilen Halbzeuge (P_{NA} mit Wichtungsfaktor i=1)* berücksichtigt werden. Dies betrifft z. B. das nachträgliche Entfernen von Kettfadenabschnitten, die Anpassung der Kett-/Schussdichte und ein eventuell erforderliches Nachdrapieren der Preform auf dem Werkzeug. Dabei entspricht die Punktzahl 1 einem hohen Nachbearbeitungsaufwand. Ist keine Nacharbeit notwendig, erfolgt die Bewertung mit der Punktzahl 4.

Die Ermittlung einer Gesamtpunktzahl für jede Variante entsprechend des vorgeschlagenen Punktesystems erfolgt nach Formel 4.2, die auch die notwendige Anwendung mehrerer Formgebungstechniken berücksichtigt (siehe Formel 4.1):

$$P_{\text{Summe}} = \sum (i \cdot P_{\text{Kriterium}}). \tag{4.2}$$

Dabei sind P_{Summe} die Gesamtpunktzahl der Variante und i der Wichtungsfaktor. $P_{\text{Kriterium}}$ beinhaltet:

P_{FO}: Punktzahl für die Erzielung der Verstärkungsfadenorientierung,

P_{UM}: Gesamtpunktzahl der stricktechnischen Umsetzbarkeit,

P_{3D}: Punktzahl für die Erzielung einer 3D-Preform,

P_{Stelle}: Bewertung Notwendigkeit der Überlappungsstellen,

P_{NA}: Bewertung Nachbearbeitung.

Durch eine virtuelle Verstärkungsfadenanordnung auf der 3D-Geometrie mittels Texturemapping kann die Bewertung der verschiedenen Varianten zusätzlich unterstützt werden. Das Referenzmaterial MLG-V1a (siehe Tab. 3.1) wird für das Texturemapping auf der virtuellen Geometrie hinreichend genau modelliert (Abb. 4.9). Aus der erzielten Übereinstimmung der Verstärkungsfadenorientierung mit den Ergebnissen der mechanischen Bauteilauslegung lässt sich bereits die Anzahl der möglichen 2D-Abwicklungskonturen reduzieren, die für eine stricktechnische Umsetzung in Frage kommen [CKD+12].

4.3.1 Auswahl von Vorzugsvarianten für den Eckverbinder

Um eine weitgehend flächen-, linien- und winkelgetreue Abwicklung zu erreichen, ist die Anordnung der Teilungslinien auf der virtuellen 3D-Oberfläche, wie bereits erwähnt, von

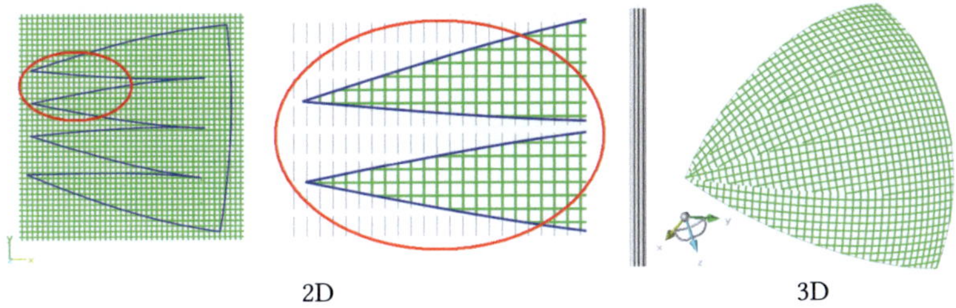

Abbildung 4.9: Visualisierung der Verstärkungsfäden über Texturemapping

besonderer Bedeutung. Bei dem gewählten Startpunkt beträgt der maximale Scherwinkel, in Abbildung 4.10 in orange dargestellt, 15,8°. Um die daraus resultierenden Fadenauslenkungen zu vermeiden, müssen in diesem Bereich Teilungslinien für die stricktechnische Formgebung platziert werden.

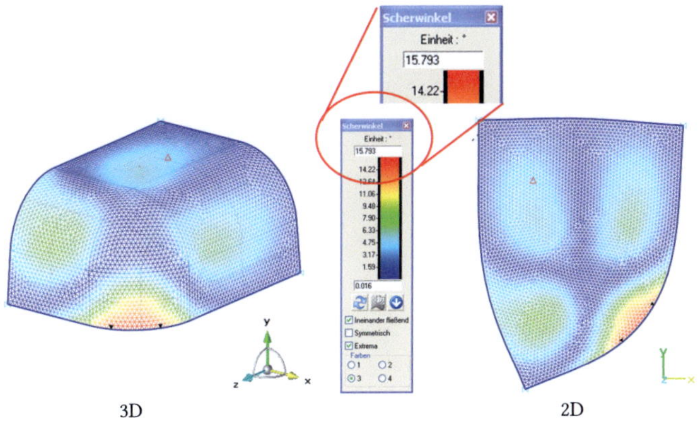

Abbildung 4.10: Scherwinkelanalyse am Beispiel des Eckverbinders

In der Tabelle 4.3 sind die zur systematischen Ableitung von 2D-Gestrickkonturvarianten angeordneten Teilungslinien (grün) sowie die zugehörigen 2D-Abwicklungen dargestellt, und zwar für das Kugelsegment (gleichmäßige Krümmung) und den Eckverbinder (Kombination gerader und gekrümmter Flächen).

Tabelle 4.3: Anordnung der Teilungslinien, berechnete 2D-Abwicklungskonturen (Kugelsegment, Eckverbinder) [CKD+12]

Kugelsegment		**Eckverbinder**	
KS1		E1	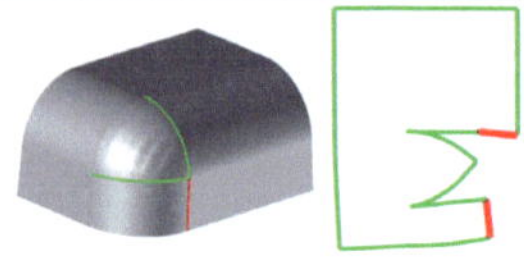
KS2	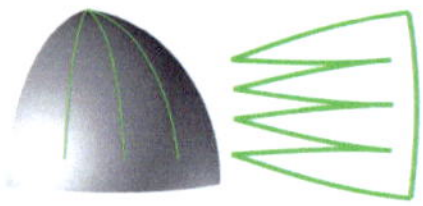	E2	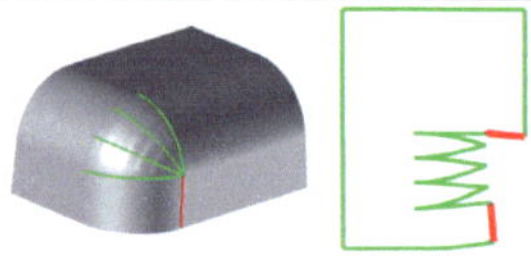
KS3	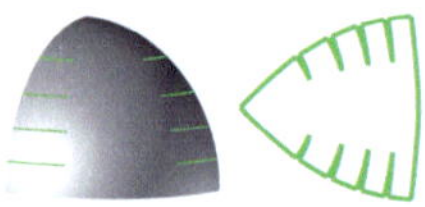	E3	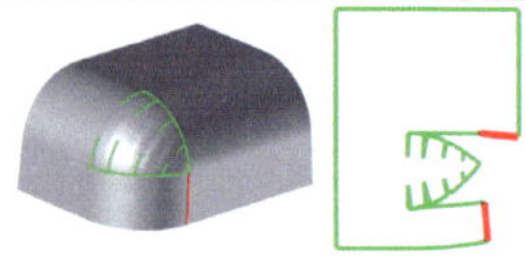
KS4		E4	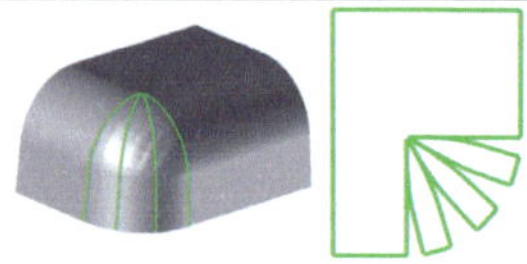
		E5	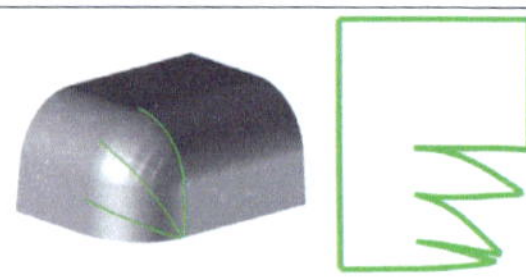
		E6	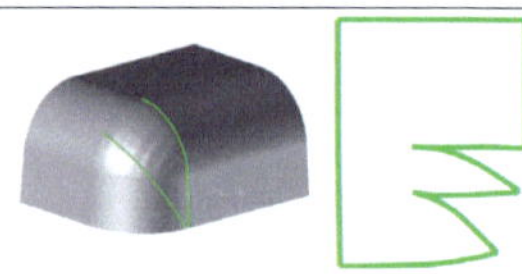

Daran schließt sich die Bewertung der stricktechnischen Umsetzbarkeit von Abwicklungskonturen nach Formel 4.1 an. Die dargestellten Ausführungen beschränken sich auf den Eckverbinder. Die Analyse beinhaltet auch 2D-Abwicklungskonturen, die nach dem Strickprozess nicht zu einer vollkommen geschlossenen 3D-Preform führen. Die verbleibenden offenen Kanten der Preform (rote Markierung) können, falls erforderlich, nachträglich gefügt werden [CKD+12].

Tabelle 4.4: Bewertung der Umsetzbarkeit der Abwicklungskonturen des Eckverbinders

Nadelparken		Einsatz mehrerer FF	Umhängen/Mindern	Abketteln
Gestrickkontur		**Formgebung**	**Punkte (P_{Fi})**	P_{UM}
E1a	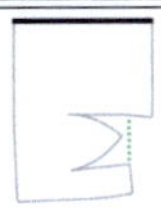	Nadelparken	4	4
E1b	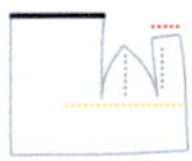	Einsatz mehrerer FF	3	0,7
		Umhängen	2	
		Abketteln	1	
E2a		Nadelparken	4	4
E2b		Einsatz mehrerer FF	3	0,7
		Umhängen	2	
		Abketteln	1	
E3a		Nadelparken	4	1
		Einsatz mehrerer FF	3	
		Umhängen	2	
E3b	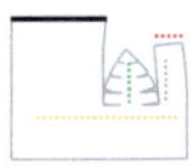	Nadelparken	4	0,6
		Einsatz mehrerer FF	3	
		Umhängen	2	
		Abketteln	1	
E4a		Nadelparken	4	1
		Einsatz mehrerer FF	3	
		Umhängen	2	
E4b	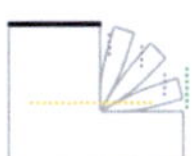	Nadelparken	4	0,7
		Einsatz mehrerer FF	3	
		Mindern	2	
		Umhängen	2	
E5a		Nadelparken	4	1
		Einsatz mehrerer FF	3	
		Umhängen	2	
E5b	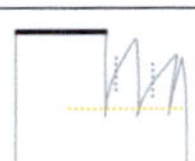	Einsatz mehrerer FF	3	0,8
		Umhängen	2	
		Mindern	2	

Tabelle 4.4: Bewertung der Umsetzbarkeit der Abwicklungskonturen des Eckverbinders

Nadelparken		Einsatz mehrerer FF	Umhängen/Mindern	Abketteln
Gestrickkontur		**Formgebung**	**Punkte (P_{Fi})**	P_{UM}
E6a		Nadelparken	4	1,5
		Umhängen	2	
E6b	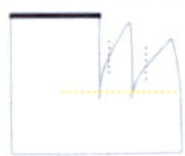	Einsatz mehrerer FF	3	0,8
		Umhängen	2	
		Mindern	2	

Die an den Kanten der berechneten 2D-Abwicklungskonturen anzuwendenden Formgebungstechniken werden in Tabelle 4.4 mit farbigen Linien gekennzeichnet [CKD+12]. Da die stricktechnische Fertigungsrichtung der Kontur auch die Auswahl der einzusetzenden Formgebungstechniken entscheidend beeinflusst, sind die Varianten jeweils mit a und b indiziert, die Richtung des Schussfadeneintrags ist fett hervorgehoben. Entsprechend der Orientierung des Schussfadens erfolgt die Einteilung der Abwicklungen von a in 0°- und b in 90°-Richtung. Je nach der Anwendung und den stricktechnischen Umsetzungsmöglichkeiten können die Abwicklungen auch in anderer Richtung angeordnet werden.

Wie aus der Tabelle 4.4 ersichtlich ist, haben die Varianten E1a, E2a die höchste Punktzahl erhalten, da sie im Vergleich mit allen anderen Varianten die bessere Möglichkeit zur stricktechnischen Realisierung besitzen. Nach den Ergebnissen aus den Vorversuchen im Kapitel 5.1 ist festzustellen, dass der zu überbrückende Abstand bei E1a mittels der Formgebungstechnik des Nadelparkens zu groß ist. Die Varianten E5a und E6a werden auch in die weitergehenden Untersuchungen mit einbezogen, weil sie die Fertigung der Preforms in einem Arbeitsgang ermöglichen (Tab. 4.5).

Tabelle 4.5: Bewertung der umsetzbaren Abwicklungen des Eckverbinders

Kriterium	P_{FO}	P_{UM}	P_{3D}	P_{Stelle}	P_{NA}	P_{Summe}
i / **Variante**		3	2	2	1	
E2a	keine relevante Anforderung	4	2	2	1,5	21,5
E5a		1,5	4	4	2	22,5
E6a		1,5	4	4	1,5	22,0

Um die Gestrickkontur E5a umsetzen zu können, ist eine weitere Modifikation erforderlich. Dadurch wird vermieden, dass der Einsatz mehrerer FF nötig wird (Abb. 4.11, Markierung 2). Somit können der erforderliche steuerungstechnische Aufwand und die Produktionszeit deutlich reduziert werden. Bereiche mit geringen Konturkrümmungen, die aufgrund der gewählten Fadenfeinheiten und -dichten nicht abbildbar sind, können dabei oder später durch Konturanpassungen vernachlässigt werden (Abb. 4.11, Markierung 1, rot).

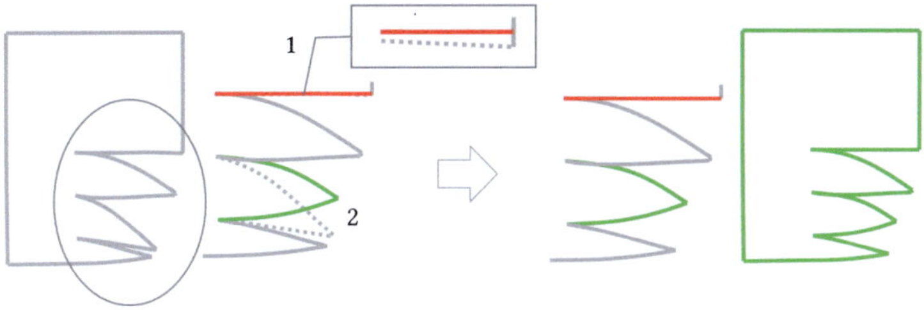

Abbildung 4.11: Modifizierung der Kontur E5a

Die Varianten E2a und E5a werden ausgewählt und in die praktische Umsetzung einbezogen.

4.3.2 Auswahl von Vorzugsvarianten für den Kabinenträger

Der Kabinenträger (siehe Abb. 3.2), ein Bauteil des Funktionsintegrativen Fahrzeugsystemträgers (FiF), übernimmt die Aufgabe der Anbindung der Fahrerkabine an die FiF-Bodenstruktur. Es besteht deshalb die Notwendigkeit, signifikante Beanspruchungsfälle entsprechend des Einsatzzieles zu definieren und die benötigte Bauteilauslegung zu ermitteln.

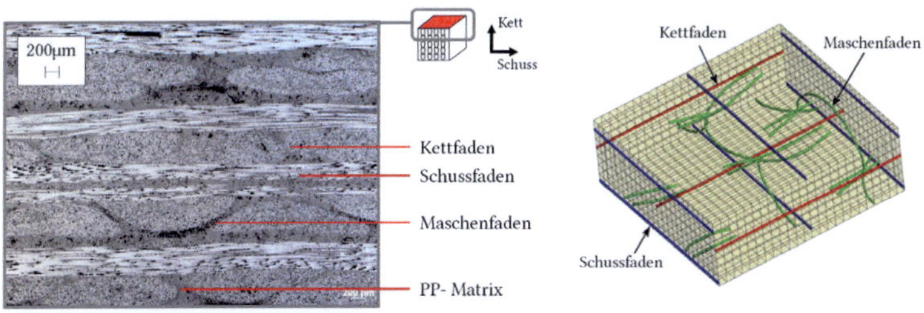

Abbildung 4.12: Lichtmikroskopieaufnahme des TWINTEX®-Biaxialgestrick-Verbundes

Für die strukturmechanische Auslegung wird vom Institut für Festkörpermechanik (IFKM) ein repräsentatives Volumenelement (RVE) erarbeitet. Anhand des Referenzmaterials MLG-V1a und der Schliffbilder der Verbundstrukturen (Abb. 4.12, rote Fläche) werden die benötigten Geometrieparameter der textilen Verstärkungsstruktur und der Matrix ermittelt und zur Modellierung genutzt [CKL+13].

Erste Berechnungen der auftretenden und maximal zulässigen Verschiebungen haben ergeben, dass für den Kabinenträger eine Bauteildicke von ca. 6 mm benötigt wird und zwar für die Belastungssituation des Einstieges einer Person mit einem Fuß (1200 N). Der Abstand zur äußeren Kante der Einstiegsfläche beträgt 60 mm, die Last wird auf der Fläche verteilt. Um die Ergebnisse der simulationsgestützten Belastungsanalyse des Kabinenträgers zu verifizieren, wird das Spannungs-Dehnungsverhalten anhand von 12-lagigen Verbundproben, die eine Verbunddicke von 6 mm ergeben, ermittelt (Abb. 4.13, 4.14).

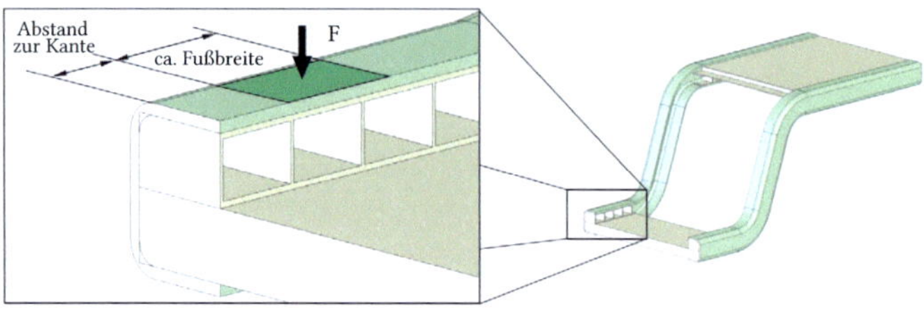

Abbildung 4.13: Belastungssituation Kabinenträger

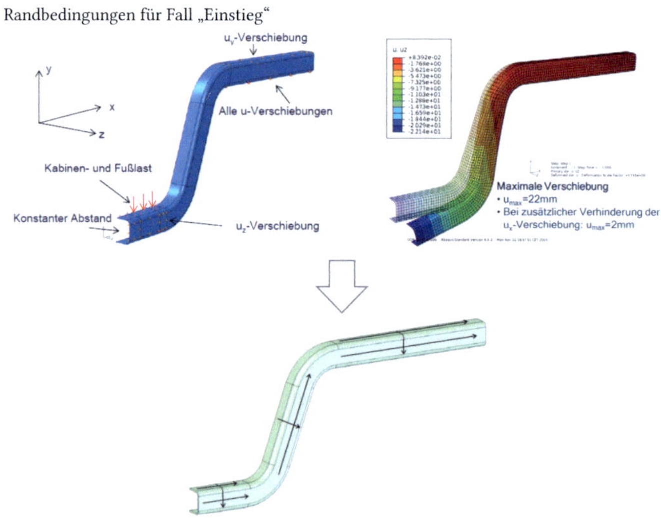

Abbildung 4.14: Analyse der Verschiebung (oben); belastungsgerechte Fadenorientierung (unten)

Da die Verbunddicke einer Lage des MLG-V1a nach dem Pressen ca. 0,5 mm beträgt, werden insgesamt 12 Lagen für die experimentelle Untersuchung zugeschnitten, gestapelt und anschließend im Autoklav am Institut für Leichtbau und Kunststofftechnik (ILK) konsolidiert. Zum Ausgleich der Strukturunterschiede von rechter und linker Seite der Biaxialgestricke wird der Lagenaufbau so vollzogen (siehe Formel 4.3), dass ein symmetrischer Verbund entsteht und eine Beeinflussung der mechanischen Eigenschaften weitestgehend verhindert wird [OD00].

$$[90°/0°//0°/90°]_x = \text{Symmetrischer Lagenaufbau} \tag{4.3}$$

0°: Richtung der MS; 90°: Richtung der MR; x: Lagenanzahl

Aufgrund der hohen Kraft, mit der die Verbundproben bis zum Bruch belastet werden müssen, erweist sich die Durchführung eines vorschriftsmäßigen Prüfablaufes als kompliziert. Zahlreiche Einspannungsvarianten werden getestet, um einen Klemmbruch bzw. ein Rutschen aus der Klemme zu vermeiden. Für die Abmessung der Prüfkörper wird deshalb eine Länge von 100 mm statt 50 mm für die Krafteinleitungselemente definiert. Die Bestimmung des Zugverhaltens erfolgt nach DIN EN ISO 527-4 [Zug97] an der Zugprüfmaschine Z250 mit DEMGEN-Klemmbacken am ILK. Bestimmt werden der Elastizitätsmodul (E-Modul) und die Zugfestigkeit in Abhängigkeit vom Verformungsweg. Der E-Modul in GPa wird entsprechend Norm bestimmt.

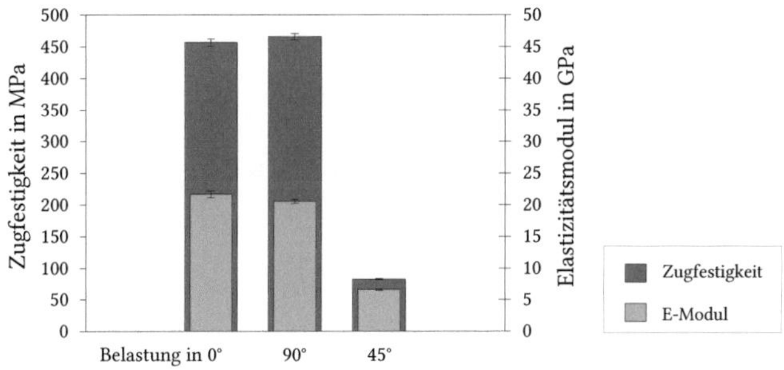

Abbildung 4.15: Bestimmung des Zugverhaltens des Verbunds (0°: Maschenstäbchenrichtung; 90°: Maschenreihenrichtung)

Die Ergebnisse der Zugfestigkeitsmessung des TWINTEX®-Biaxialgestrick-Verbundes in 0°, 45° und 90° sind in der Abbildung 4.15 dargestellt. Die Messwerte von Zugfestigkeit und E-Modul zeigen eine sehr ähnliche Tendenz. Die Werte der Proben 0° und 90° liegen im gleichen Bereich und sind viel höher als die der Proben in 45°. Der Faservolumenanteil des Verbundes ist in den Richtungen 0° und 90° gleich. Festigkeit und E-Modul sind in 45° wie zu erwarten deutlich niedriger. In Abbildung 4.16 sind die Spannungs-Dehnungs-Verläufe in Kett-, Schussrichtung und in 45°-Richtung dargestellt. Dabei kann ein nahezu linearer Verlauf bei 0° und 90° beobachtet werden, da das Materialverhalten für diese Richtungen durch die Glasfasern dominiert wird, während die viskoelastischen Eigenschaften des Matrixmaterials eine signifikante nichtlineare Spannungs-Dehnungs-Kurve bei Prüfung in 45° verursachen. Diese Besonderheit der Materialien wird später bei der Erstellung der Strickkontur berücksichtigt (Abb. 4.14 unten).

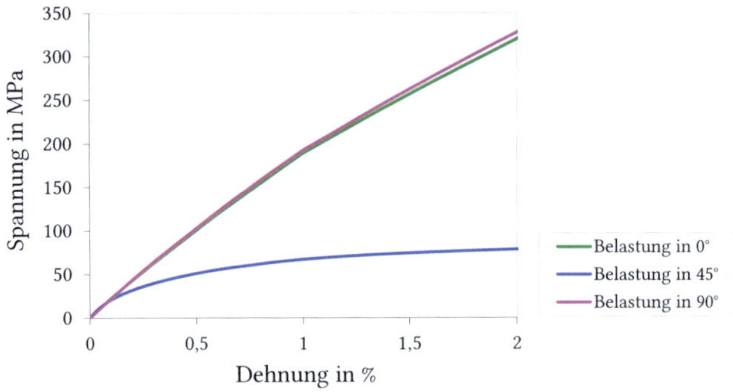

Abbildung 4.16: Spannungs-Dehnungskurve des Verbunds (0°: MSR; 90°: MRR)

Analog zur beschriebenen Vorgehensweise beim Eckverbinder wird zunächst die Analyse der Strukturverzerrung der Abwicklungskontur für den Kabinenträger durchgeführt (Abb. 4.17 a) [LKDH10, LKH^{+}11]. Die Platzierung der Teilungslinien erfolgt entsprechend dem Geometrieprofil für die äußere Verstärkungslage im Krümmungsbereich (Abb. 4.17 b). Der weitere Lagenaufbau wird analog, allerdings unter Berücksichtigung der Änderung der Geometrie des U-Profils mit zunehmender Lagenanzahl, ausgeführt.

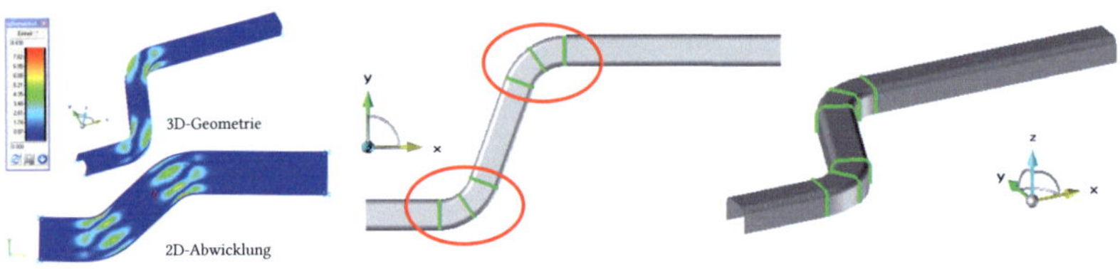

(a) (b)

Abbildung 4.17: (a) Scherwinkelanalyse der Abwicklung in 2D/3D; (b) Anordnung der Teilungslinien auf der Außengeometrie des Kabinenträgers

Die geteilten Abwicklungskonturen können entsprechend der berechneten Verstärkungsrichtung bei dieser Variante (KT1) gerade angeordnet und weiter bearbeitet werden (Abb. 4.18). Die leichte Wölbung im Bereich der Krümmung und die geringfügigen Unterschiede in der Breite, die mit der eingesetzten Maschinenfeinheit nicht abbildbar sind, werden vernachlässigt (gekennzeichnet durch rote Markierungen).

Eine weitere Möglichkeit besteht darin, die entsprechend der Teilungslinien entstandene Anordnung der Abwicklung unverändert zu belassen (Abb. 4.19 a) und zu einer geschlossenen Kontur zu verbinden. Diese Variante ist nur durch die Realisierung eines Kettfadenversatzsystems ausführbar. Wie aus der Abbildung 4.19 a zu erkennen ist, ändert sich allerdings der Winkel zwischen Kett- und Schussverstärkungsfäden. Der zur Zeit maschinentechnisch rea-

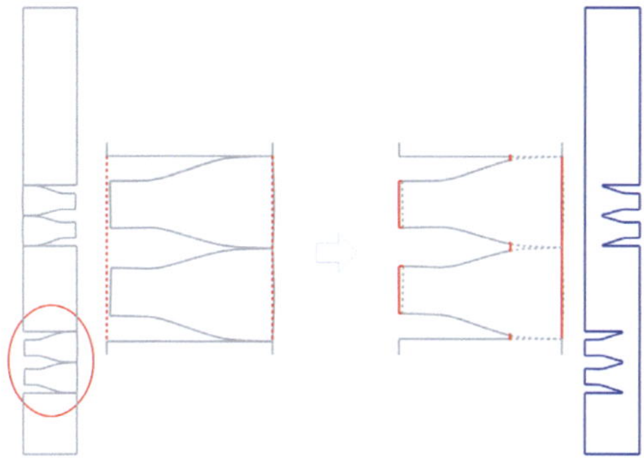

Abbildung 4.18: Modifizierung der Variante KT1

lisierbare Kettfadenversatz ist auf eine geringe Breite begrenzt, so dass eine changierende Bewegung entsteht (Abb. 4.19 b).

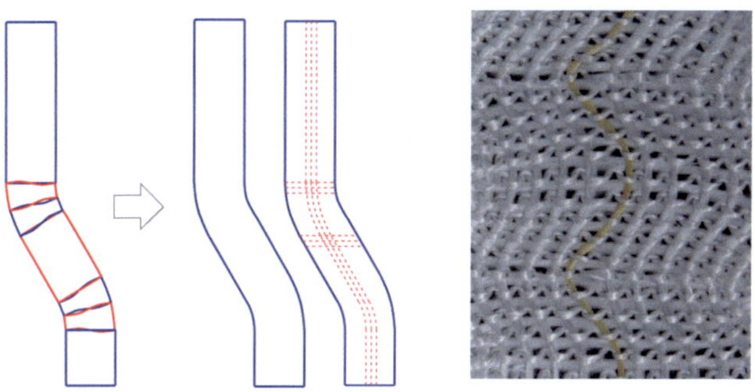

(a) (b)

Abbildung 4.19: Variante KT2 (Gestrickkontur - erzeugt mittels Kettfadenversatz)

Deshalb wird die Bewertung der stricktechnischen Umsetzung für die Varianten KT1 vorgenommen. Bei der Variante KT1 ist das Verbinden der Kanten einfach zu realisieren, da die äußeren Punkte der Konturen auf einer senkrechten Linie liegen. Zur Formgebung wird die Technik des Nadelparkens eingesetzt. Dadurch ist es möglich, die gesamte 3D-Preform in einem Arbeitsgang zu fertigen.

Das Simulationsbild von Variante KT1 zeigt eine durchgehende Kettfadenverstärkung entlang der Krümmung des Kabinenträgers und eine weitestgehend rechtwinklige Anordnung der Schussverstärkung zur Bauteilkante (Abb. 4.20).

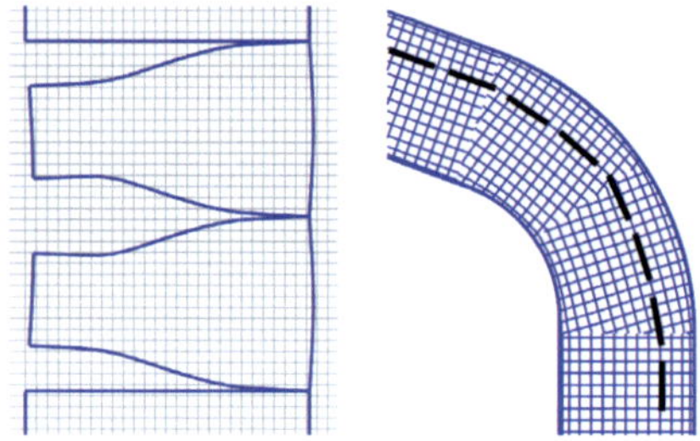

Abbildung 4.20: Visualisierung der Orientierung von Verstärkungsfäden (dargestellte Fadendichte: 3,5 Fäden pro Zoll)

4.3.3 Auswahl von Vorzugsvarianten für die Halbkugel

Um die Halbkugel mit ebener Auflage in 2D abzubilden, ist eine Teilung ausgehend von *Achteln* über *Viertel* bis hin zur *Halbierung* möglich, wobei die auftretenden Verzerrungen zunehmen. Wird die Abwicklung mit nur einem Einschnitt aus einem textilen Halbzeug berechnet, sind diese erheblich (vgl. auch Kapitel 6.1.2).

Die Scherwinkelanalyse wird beispielhaft anhand des *Viertels* der Halbkugel dargestellt (Abb. 4.21).

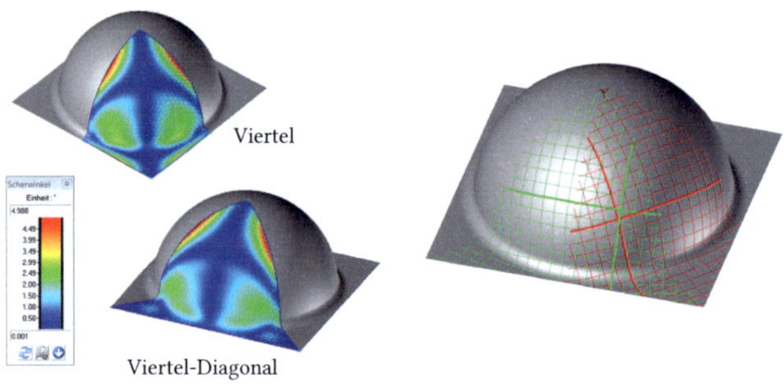

Abbildung 4.21: Scherwinkelanalyse in 3D (oben); simulierte Fadenorientierung in 3D mit Fadendichte: 1,4 Fäden pro Zoll (unten)

Der maximale Scherwinkel von 5,0° ist gering, so dass ein faltenfreies Drapieren mit dem verwendeten Verstärkungshalbzeug MLG-V1a durchaus möglich ist. Die anhand des Zuschnittes mögliche Visualisierung der abstrahiert dargestellten Verstärkungsfäden zeigt die damit realisierbare Fadenorientierung auf der Oberfläche, die je nach Belastungsfall beurteilt werden muss (Abb. 4.21 unten).

Tabelle 4.6: Anordnung der Teilungslinien, berechnete 2D-Abwicklungskontur

Teilfläche	**3D-Vernetzung**	**2D-Abwicklung für die halbe Halbkugel**	**Bemerkung**
Achtel	 HK1	 HK1a	• Anordnung: Ausrichtung am Scheitelpunk • Benötigte Formgebung: Mindern • Problem: Mehrere überlappende Bereiche → unzureichende Fläche für die Preform; unterer Rand nicht ohne Nacharbeit realisierbar
		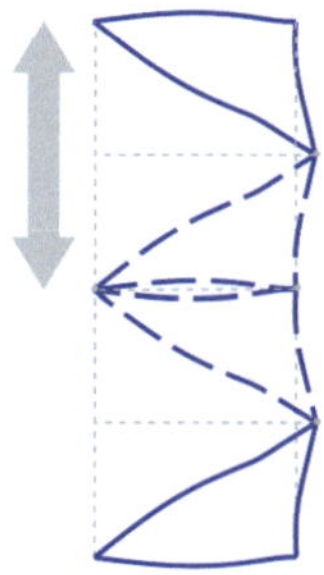 HK1b	• Anordnung: Scheitelpunkte auf vertikaler Linie • Benötigte Formgebung: Nadelparken • Problem: Abstand zu groß für Nadelparken (Pfeil), ein überlappender Bereich → unzureichende Fläche für die Preform
Achtel: Beispiel für weitere Unterteilung des Achtels	 HK2	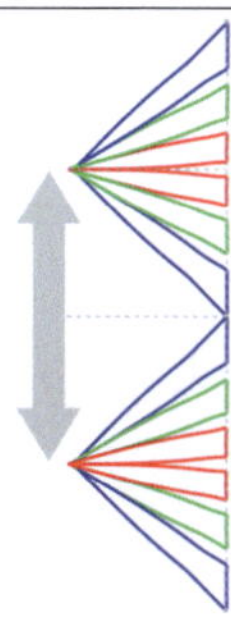 HK2a	• Anordnung: Ausrichtung am Scheitelpunkt, Duplizieren durch horizontales Spiegeln • Benötigte Formgebung: Nadelparken, Einsatz mehrerer FF • Problem: Abstand zu groß für Nadelparken (Pfeil)

Tabelle 4.6: Anordnung der Teilungslinien, berechnete 2D-Abwicklungskontur

Teilfläche	**3D-Vernetzung**	**2D-Abwicklung für die halbe Halbkugel**	**Bemerkung**
Achtel: Beispiel für weitere Unterteilung des Achtels	 HK2	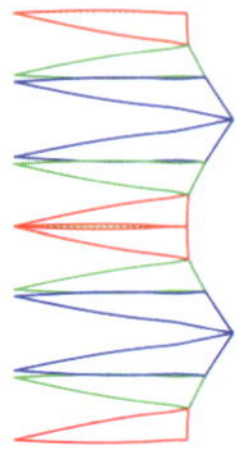 HK2b	• Anordnung: Scheitelpunkte auf vertikaler Linie, Duplizieren durch horizontales Spiegeln • Benötigte Formgebung: Nadelparken, Mindern • Problem: Kontrolle des Abstands für Nadelparken
Viertel: Beispiel für weitere Unterteilung des Viertels	 HK3	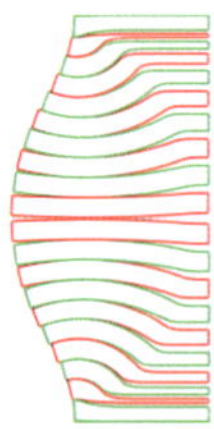 HK3	• Anordnung: Punkte auf der Kante der ebenen Auflage auf vertikaler Linie, Duplizieren durch horizontales Spiegeln • Benötigte Formgebung: Nadelparken, Mindern, Einsatz mehrerer FF • Problem: -
	 HK4	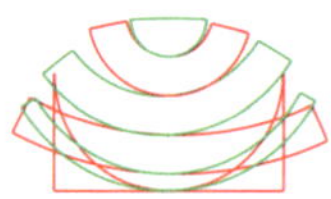 HK4	• Anordnung: Punkte der Mittellinie auf vertikaler Linie, Duplizieren durch vertikales Spiegeln • Benötigte Formgebung: Nadelparken, Mindern, Einsatz mehrerer FF • Problem: überlappende Bereiche
Halb	 HK5	 HK5	• Anordnung: Punkte der Mittellinie auf vertikaler Linie, Duplizieren durch vertikales Spiegeln • Benötigte Formgebung: Mindern, Einsatz mehrerer FF, Nadelparken • Problem: unterer Rand nicht ohne Nacharbeit realisierbar

In der Tabelle 4.6 wird eine Systematik zur Einteilung der Geometrieoberfläche und der mittels kinematischer Modellierungsmethoden ermittelten 2D-Abwicklungen vorgestellt. Die jeweiligen Abwicklungen können computergestützt ausgerichtet, dupliziert und gespiegelt werden. Zusätzlich erfolgt die Bewertung der daraus entstandenen Abwicklungskontur.

Anhand der Halbkugel mit ebener Auflage wird untersucht, ob es möglich ist, den fertigungstechnischen Aufwand durch die Herstellung von Teilpreforms zu reduzieren und dennoch gute mechanische Eigenschaften zu erzielen. Da eine Belastung des Bauteiles in Form einer vertikalen Druckbeanspruchung vorgesehen ist, resultiert aus der strukturmechanischen Auslegung die Vorgabe der Fadenorientierung in radialer und Umfangsrichtung (Abb. 4.22). Die Variante HK2 ist durch die Positionierung der Abwicklungen auf der Bauteilgeometrie generell geeignet, die geforderten Verstärkungsfadenrichtungen einzuhalten.

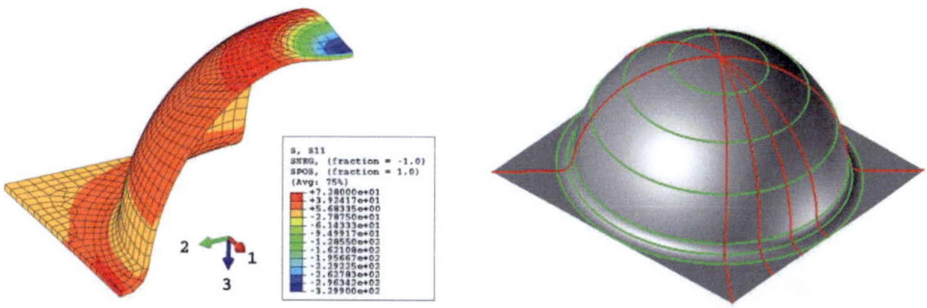

Abbildung 4.22: Halbkugel mit der geforderten Verstärkungsfadenorientierung bei Druckbelastung (grün: Umfangsrichtung; rot: radiale Richtung)

In der Abbildung 4.23 ist die 2D-Abwicklungskontur HK2b mit Maßangaben in mm dargestellt. Die Abwicklungen werden so angeordnet, dass die äußeren Punkte der jeweiligen Konturen auf einer senkrechten Linie liegen. Zur Formgebung wird die Technik des Nadelparkens eingesetzt. Dadurch ist es möglich, die gesamte 3D-Preform in einem Arbeitsgang zu fertigen.

Wie bereits im Kapitel 2.4 erläutert, ist die Anzahl der maximal möglichen Maschenreihen beim Stricken mittels Nadelparken, insbesondere bei Verwendung von sprödem Maschenfadenmaterial (GF/PP-HG), begrenzt. Deshalb wird der Abstand der Spitzen zwischen zwei benachbarten Konturen an die beim Nadelparken mögliche Maschenreihenanzahl angepasst.

Eine große Zahl von Experimenten hat ergeben, dass mit Halbmaschen maximal ein Abstand von 30 mm bis 36 mm, das entspricht 8 bis 10 Maschenreihen, beim Nadelparken und Einbinden des 3D-Abzugssystems überbrückt werden kann (siehe Kapitel 5.1.1). Damit ist es notwendig, den Abstand von Variante HK2b so zu verändern, wie in Variante HK2c dargestellt. Über Zwischenschritte ergibt sich die Variante HK2d mit einem sich wiederholenden Abstand von ca. 30 mm (Abb. 4.23). Diese 2D-Abwicklungskontur wird als die endgültige Basiskontur zur Programmierung des Strickmusters und des Abzugs festgelegt, über eine Schnittstelle im dxf-Format exportiert und in *MATLAB* zur weiteren stricktechnischen Umsetzung bearbeitet.

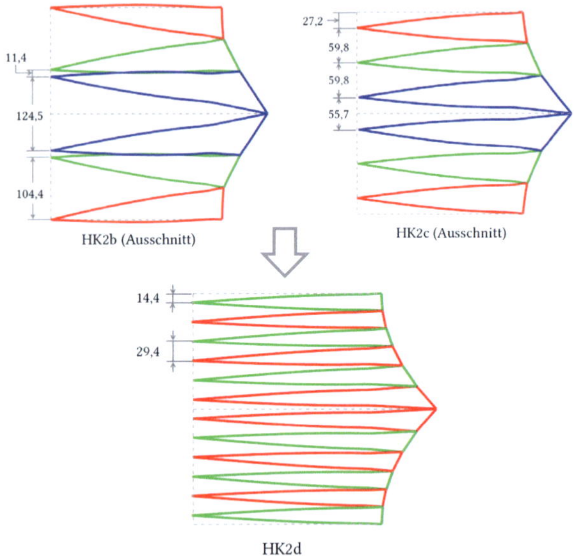

Abbildung 4.23: Positionierungsmöglichkeiten der Abwicklungen von Variante HK2 (Maßangaben in mm)

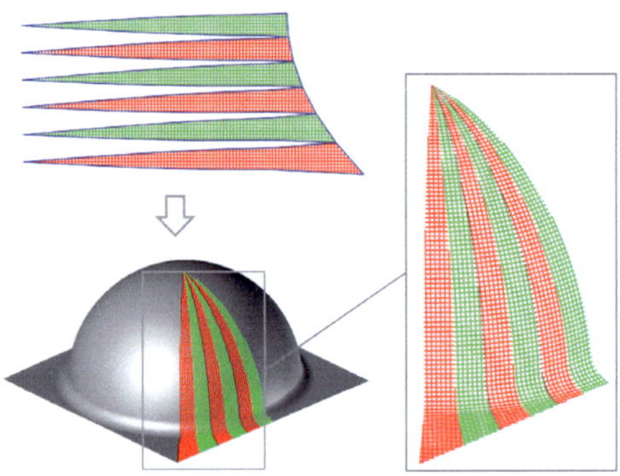

Abbildung 4.24: Virtuelle 3D-Kurve der Variante HK2d mit den Verstärkungsfadenrichtungen

Die Simulation in der Abbildung 4.24 stellt die Verstärkungsfäden von Variante HK2d auf der Geometrieoberfläche in zwei Raumrichtungen dar, nämlich in radialer und in tangentialer Richtung.

4.4 Computerunterstützte Strickmusterumsetzung

Die Gestrickkontur wird entsprechend der eingesetzten Maschinenfeinheit E7 gerastert (siehe Kapitel 4.1).

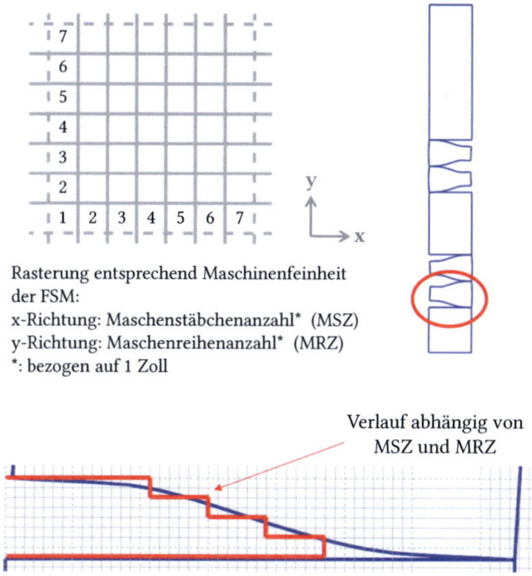

Abbildung 4.25: Berechnung der gestuften Kurve zur Annäherung an die Gestrickkontur (Berücksichtigung der Schuss- und Kettfadendichte)

Unter Berücksichtigung der Maschinenfeinheit und des geforderten Verhältnisses zwischen Kett- und Schussfadendichte (z. B. KD/SD 1:1) sowie der Umkehr der Schussfäden erfolgt die Berechnung der gestuften Kurve (rot) mit Stufenhöhe in gerader Zahl zur Annäherung an die Gestrickkontur (blau) (Abb. 4.25).

Aus den Punktedaten der Gestrickkontur (x_i, y_j) wird unter Zuhilfenahme von Rundungsregeln, die die jeweilige Schuss- und Kettfadendichte berücksichtigen, die gestufte Kurve (x_{ir}, y_{jr}) berechnet (Abb. 4.26).

Beim Einsatz einer FSM mit der Maschinenfeinheit E7 sowie einem Verhältnis von Schuss- und Kettfadendichte von 1:1 gelten nachfolgende Gleichungen:

$$\Delta x = \text{Nadelabstand} = 25,4/7 = 3,63 \text{ [mm]}, \tag{4.4}$$

$$\Delta y = \Delta x \cdot 2, \tag{4.5}$$

$$x_{ir} = \text{RUNDEN}(x_i/\Delta x) \cdot \Delta x, \tag{4.6}$$

$$y_{jr} = \text{RUNDEN}(y_j/\Delta y) \cdot \Delta y. \tag{4.7}$$

wobei $i = 1 \dots n, j = 1 \dots n$.

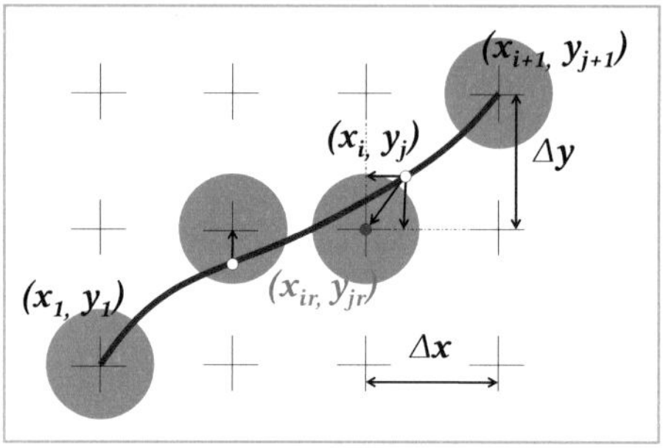

Abbildung 4.26: Berücksichtigung von Rundungsregeln

Die Programmierung in *MATLAB* ist damit für variable Maschendichten möglich. *MATLAB* ist eine höhere Programmiersprache und interaktive Umgebung für die numerische Berechnung, die Visualisierung und die Programmierung. *MATLAB* dient zur Datenanalyse, zur Entwicklung von Algorithmen sowie zur Erstellung von Modellen für verschiedenste Anwendungen [MAT].

4.4.1 Digitale Konturanpassung auf Maschinen- und Gestrickparameter

Um die in der Software *DesignConcept 3D* ermittelten Konturdaten zielführend nutzen zu können, werden sie im *MATLAB*-Editor weiter bearbeitet. In [Wan13] wird ein Programm (siehe Anhang B) erarbeitet, indem beliebige Gestrickkonturen (Punktedaten) unter Berücksichtigung der eingesetzten Maschinenfeinheit und der Schussfadendichte zur gestuften Kurve berechnet werden können. Dazu sind folgende Programmierungsschritte notwendig:

1. Vorbereitung der Originaldaten,
2. Punktverschiebung unter Berücksichtigung der Maschinenfeinheit und Schussfadendichte,
3. Löschen der sich wiederholenden Punkte[3],
4. Löschen der Innenpunkte der Kontur[3],
5. Löschen nicht eindeutiger Konturen[3],
6. Ausgabe.

[3]Diese Schritte können in variabler Reihenfolge kombiniert und wiederholend benutzt werden.

Schritt 1: Vorbereitung der Originaldaten. Die aus *DC3D* exportierten dxf-Dateien der Gestrickkontur werden als ∗.txt geöffnet. Da die Kontur beschreibenden dxf-Dateien viele Informationen enthalten, werden nur die benötigten Koordinatendaten zwischen „AcDbPolyline“ und „ENDSEC“ für die weitere Programmierung im *MATLAB* kopiert (Abb. 4.27).

......	......
2	10
420	13736.39673967446
16776960	20
370	2013.832532775021
0	10
100	13741.147857617
AcDbPolyline	20
90	2014.311782727521
1302	0
70	ENDSEC
1	0
43	SECTION
0.0	2
10	OBJECTS
13741.147857617	0
20	DICTIONARY
2014.311782727521	5
......	......

Abbildung 4.27: Auszug aus ∗.txt

Da in diesen Daten sowohl die Koordinatenwerte als auch andere zusätzliche Zahlenwerte enthalten sind, wählt man die benötigten Daten durch folgende Befehle aus.

```
length0 = length(Arbeit);
xa = 8 : 4 : length0-3;
ya = 10 : 4 : length0-1;
ecke2 = Arbeit';
xb = ecke2(xa);
yb = ecke2(ya);
```

Hierbei sind „xb“ und „yb“ die ausgewählten Daten, die den x-, y-Koordinaten der kurvenbeschreibenden Punkte entsprechen. Da Strickmaschine/-programm einen internen Referenzpunkt bzw. ein Referenzkoordinatensystem haben, werden die Daten in den Ursprung verschoben. Das Programm sieht wie folgt aus:

```
xmin = min(xb);
ymin = min(yb);
x0 = xb'-xmin;
y0 = yb'-ymin;
```

Anschließend werden die zu bearbeitenden Originaldaten bzw. die sich ergebende Kurve grafisch dargestellt (Abb. 4.28).

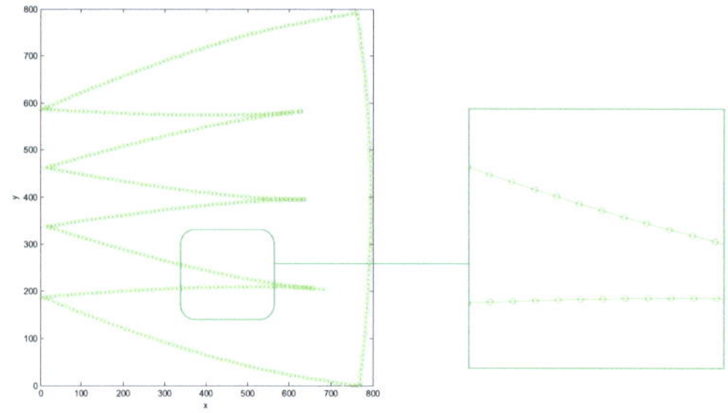

Abbildung 4.28: Kurve am Beispiel des Kugelsegments (Variante: KS2)

Schritt 2: Punkteverschiebung unter Berücksichtigung der Maschinenfeinheit und Schussfadendichte. Die Punkte werden im Beispiel unter Anwendung der Maschinenfeinheit E7 und eines SD/KD-Verhältnisses von 1:1 verschoben. Beide Parameter können jederzeit geändert werden:

```
%%% Berücksichtigung des geforderten SD/KD-Verhältnisses %%%
x1 = x0;
y1 = y0;
genau_x = 25.4/7;
genau_y = genau_x*2;

%%% Koordinaten korrigieren in x-Richtung %%%
for i = 1 : length(x0)
    if mod(x0(i),genau_x) > genau_x/2
       x1(i) = ceil(x0(i)/genau_x)*genau_x;
    else
       x1(i) = (ceil(x0(i)/genau_x)-1)*genau_x;
    end
end

%%% Koordinaten korrigieren in y-Richtung %%%
for j = 1 : length(y0)
   if mod(y0(j),genau_y) > genau_y/2
      y1(j) = ceil(y0(j)/genau_y)*genau_y;
   else
      y1(j) = (ceil(y0(j)/genau_y)-1)*genau_y;
   end
end
```

Die resultierenden Punkte/Kurven sind in Abbildung 4.29 dargestellt, wobei die Originaldaten (grün) und die berechneten Daten (rot) gemeinsam abgebildet sind.

Schritt 3: Löschen der sich wiederholenden Punkte. Durch die Notwendigkeit der Berücksichtigung von Maschinenfeinheit und SD/KD-Verhältnis kann es vorkommen, dass Punkte der Originalkurve auf den gleichen Punkt der berechneten Kurve verschoben werden müssen. Diese werden gelöscht.

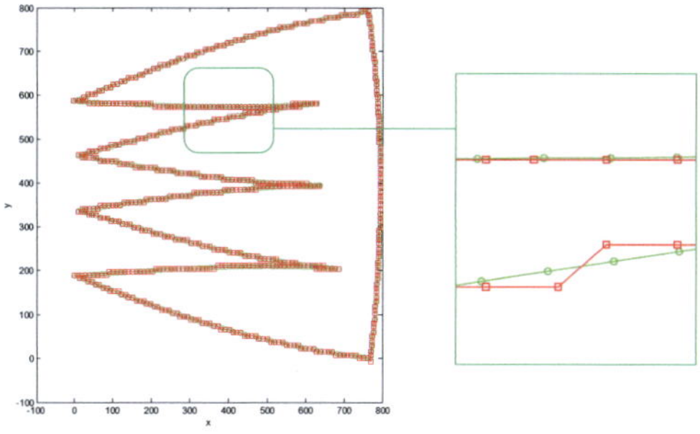

Abbildung 4.29: Vergleich der Konturen: grün - Originaldaten, rot - errechnete Daten

```
%%% Löschen der wiederholenden Punkte %%%
function b = scWieder(a)
x = a(:,1);
y = a(:,2);

ss = x*0;
for ii = 1 : length(x)-1
    if x(ii) == x(ii+1)
&& y(ii) == y(ii+1)
       ss(ii) = 4;
    end
end

z = [x y];
z(ss>2,:)=[];
b=z;
```

Schritt 4: Löschen der Innenpunkte der Kontur. Liegen mehrere Punkte auf einer vertikalen oder horizontalen Linie, können die inneren Punkte gelöscht werden.

```
%%% Löschen der Innenpunkte %%%
function b = scInner(a)
x = a(:,1);
y = a(:,2);
t = length(x)-1;
ss = x*0;
for ii = 2 : t
    if y(ii) == y(ii-1)
&& y(ii) == y(ii+1);
       ss(ii) = 4;
    elseif x(ii) == x(ii-1)
  && x(ii) == x(ii+1);
         ss(ii) = 4;
    end
end

z= [x y];
z(ss>2,:)=[];
b = z;
```

Schritt 5: Löschen nicht eindeutiger Konturen. Beim Auslauf spitzer Konturen kann es zu Überschneidungen kommen, die ebenso gelöscht werden müssen, um nicht eindeutige Konturverläufe zu vermeiden (siehe Abb. 4.30).

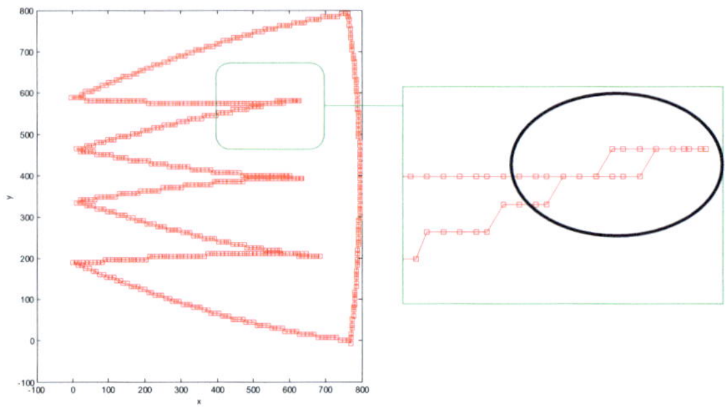

Abbildung 4.30: Korrektur von Überschneidungen

```
%%% Löschen nicht eindeutiger Konturen %%%
function b = scKreis(a)
x = a(:,1);
y = a(:,2);
z = [x y];
ss = x*0;
for ii = 2 : length(x)-2
    if y(ii) > y(ii-1)
&& y(ii+1) > y(ii+2)
&& y(ii) == y(ii+1)
&& y(ii-1)== y(ii+2)
        ss(ii) = 4;
        ss(ii+1) = 4;
    elseif y(ii) < y(ii-1)
    && y(ii+1) < y(ii+2)
&& y(ii) == y(ii+1)
&& y(ii-1) == y(ii+2)
        ss(ii) = 4;
        ss(ii+1) = 4;
    end
end

z(ss>=1,:) = [];
b = z;
```

Schritt 6: Ausgabe. Das Ergebnis wird zur Kontrolle ausgedruckt. In Abbildung 4.31 sind beide Kurven dargestellt. Die endgültig entstandenen Punktedaten werden im $*$.txt Format abgespeichert. Wie groß die Abweichung zwischen den Kurven und den eingeschlossenen Flächen ist, muss kontrolliert und bewertet werden.

Die Programmierung wird durch die Anwendung auf unterschiedliche Abwicklungskonturen überprüft. Symmetrische Geometrien werden durch die in *MATLAB* berechnete Kontur nicht zwangsweise symmetrisch abgebildet (siehe Abb. 4.32). Die exaktere Approximation der Originaldaten wird deshalb anhand der Symmetrieebene der Geometrie gespiegelt.

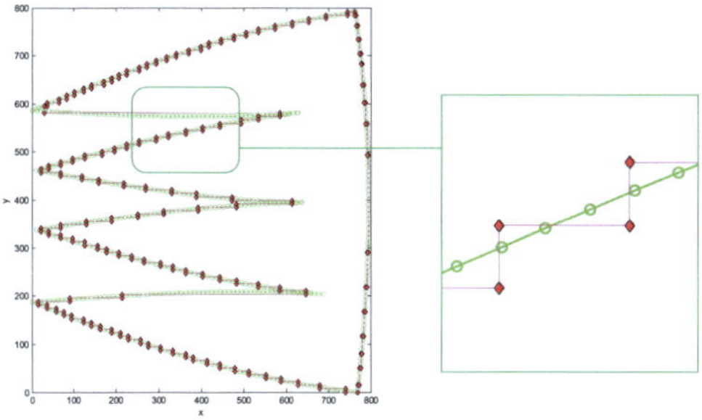

Abbildung 4.31: Konturen - grün Originaldaten, rot - in *MATLAB* errechnete Daten

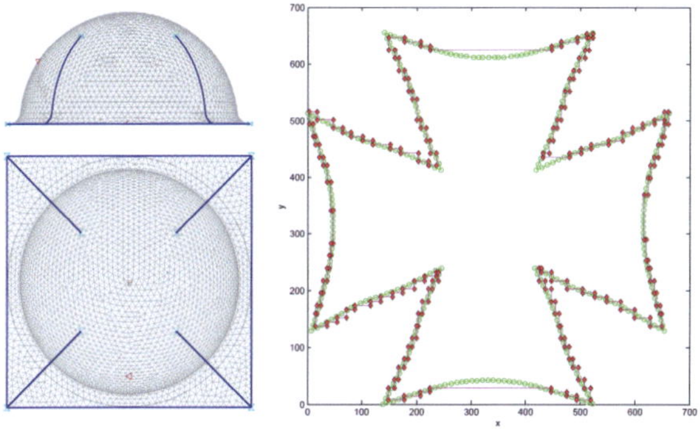

Abbildung 4.32: Symmetrische Kontur (grün), asymmetrische gestufte Kurve (rot)

Zur weiteren Betrachtung der Daten im Strickprogramm und zur Erstellung der Abzugsprogrammierung erfolgt ein Datenexport im bmp-Format. Bmp gehört zu den bekanntesten Grafikformaten für Rastergrafiken. Eine Raster- oder auch Pixelgrafik besteht aus einer Anordnung von rechteckigen Bildpunkten, denen jeweils eine Farbe zugeordnet ist [Kri].

$*$.bmp $\rightarrow$ *Model* (Strickprogramm)

Die Software *Model* wurde für die Herstellung klassischer Flachstrickwaren entwickelt und wird von der Firma Steiger angeboten. Sie muss beim Einsatz entsprechend der eingesetzten FSM auf maximal 24 Fadenführer eingestellt werden. Jede im bmp-Format enthaltene Farbe wird automatisch als Fadenführer erkannt und definiert. Im Untersuchungsfall sind zur Musterprogrammierung Änderungen erforderlich, die im folgenden Kapitel erläutert werden.

$*$.bmp $\rightarrow$ *Excel* (Abzugsprogramm)

Zur Erstellung des Abzugsprogrammes kann die bmp-Datei in *Excel* als Hintergrund verwendet werden. Genauere Darstellungen der Vorgehensweise finden sich im nächsten Kapitel.

4.4.2 Vorbereitung des Strickmusterprogramms

In der Software *Model* werden alle für den Strickvorgang notwendigen Einstellungen vorgenommen:

- Anordnung der einzusetzenden Bindungselemente,
- Einsatz der Fadenführer,
- struktur- und abzugsangepasste Maschenlänge und
- Strickgeschwindigkeit usw..

Während das Strickprogramm aus den Bindungselementen aufgebaut wird, arbeitet *DesignConcept 3D* auf der Basis der Längenmaßeinheit. Es ist deshalb notwendig, den Koeffizienten K_{I} für die Grafikdatenübertragung zu ermitteln. In [Son14] wird die Ableitung des Koeffizienten K_{I} beschrieben und festgelegt, dass der Koeffizient von der eingesetzten Maschinenfeinheit abhängig ist:

$$K_I = A_N / L. \tag{4.8}$$

Darin bedeuten:

K_{I} Koeffizient für bmp-Export aus *DC3D* zur Erstellung des Strickprogramms,

A_{N} Anzahl der Nadeln (pro Zoll) und

L 25,4 (Bezugslänge).

Bei einer Nadelanzahl von 7 auf einer Länge von 25,4 mm beträgt K_{I} 0,276.

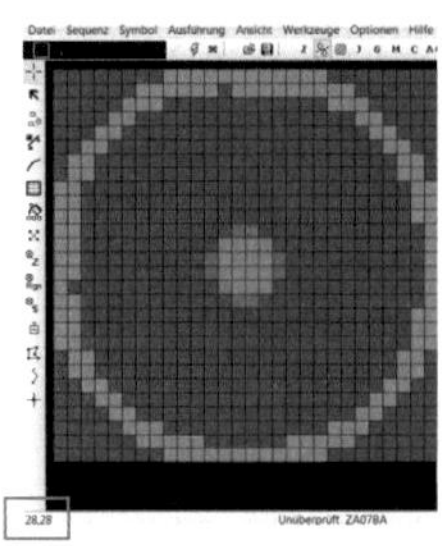

Abbildung 4.33: Import des Kreises in *Model*

Um die Kontur im Dateityp ∗.bmp zu speichern, müssen die farbliche Darstellung über Graustufen definiert und die Längen des umfassenden Rechteckes zur Berechnung der Pixel-/Maschenanzahl in x- und y-Richtung durch Multiplikation mit K_I ermittelt werden.

Das im Datentyp ∗.bmp gespeicherte Bild (im Beispiel ein Kreis mit Durchmesser 100 mm) wird in die Stricksoftware *Model* eingelesen. Die automatisch entstandene Einteilung ist in Abbildung 4.33 zu sehen.

Für relativ komplexe Gestrickkonturen kann zunächst ein umschließendes Rechteck erstellt werden. Zur Berechnung der Pixelanzahl für Maschenstäbchen- und Maschenreihenrichtung (MSA/MRA) werden dessen Längen (x-, y-Richtung) mit dem Koeffizienten K_I multipliziert.

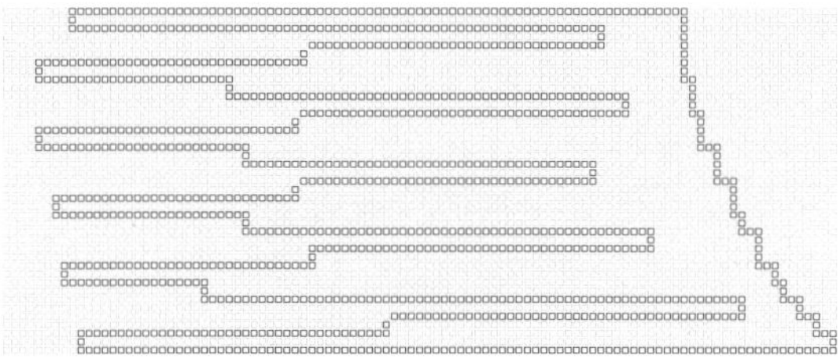

Abbildung 4.34: Gestrickkontur in *Model* am Beispiel eines Ausschnittes der Variante HK2d

Die Abbildung 4.34 zeigt die geöffnete bmp-Datei der Variante HK2d in der Software *Model*. Durch mehrmaliges Spiegeln der Gestrickkontur ist es möglich, ein Vielfaches bis hin zur Halbkugel zu erzeugen.

Im Weiteren werden alle stricktechnischen Parameter (Anordnung der Bindungselemente, Maschenlänge, Einsatz der Fadenführer, Parkposition der eingesetzten Fadenführer, Schlittengeschwindigkeit) für den Strickvorgang eingestellt. Durch eine simulative Abarbeitung des Programms kann die Umsetzbarkeit frühzeitig kontrolliert werden (Abb. 4.35). Bei ungünstiger Parameterwahl wird eine Warnung angezeigt.

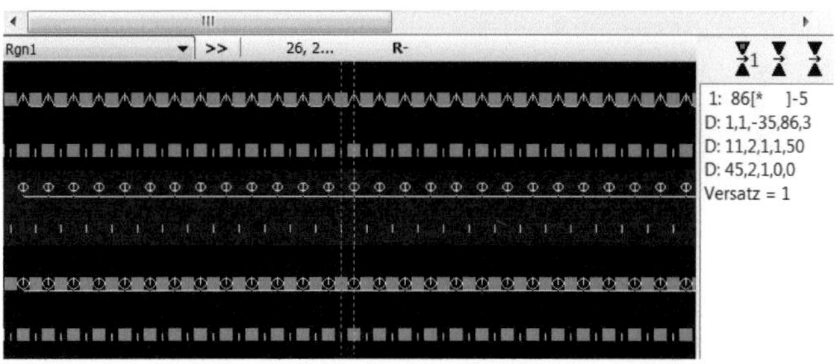

Abbildung 4.35: Programmsimulation

4.5 Einbindung des 3D-Abzugs in die Programmierung

Um die Prozesskette zur Umsetzung von komplexen near-net-shape Preforms aus biaxial verstärkten HG-MLG zu vervollständigen, ist die softwareseitige Einbindung des segmentierten Abzuges erforderlich (siehe Kapitel 3.2.1).

Entsprechend des technologischen Abzugsprogramms sind die aus der Vielzahl der Abzugssegmente resultierenden Datensätze in Tabellenform einzugeben. Das Abzugsprogramm kann mit Hilfe von *Excel* erarbeitet werden. Dabei werden in einer Zeile die Abzugswege aller 50 Segmentachsen, bezogen auf eine Maschenreihe und das einzelne Abzugssegment, vorgegeben. Die Abarbeitung der Tabelle erfolgt zeilenweise. Die Eingabewerte sind die Zustellbeträge in Millimeter, wobei das kleinste programmierbare Inkrement 1µm beträgt. Durch die Eingabe eines negativen Abzugsweges wird außerdem das Zurückdrehen des entsprechenden Abzugssegmentes möglich [Sch13] (Abb. 4.36).

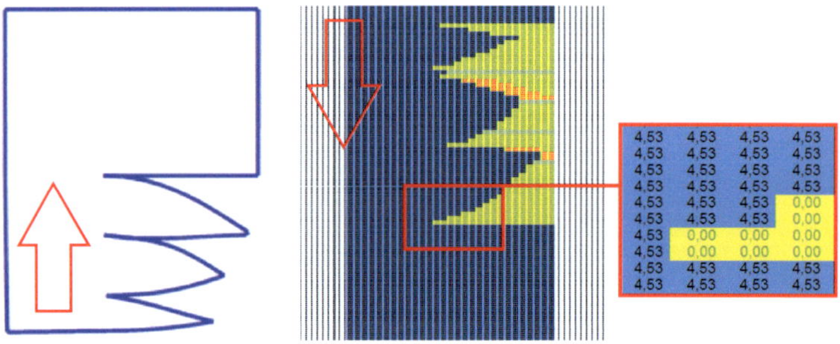

Abbildung 4.36: Abzugsdatensätze in mm

Das Abarbeiten der Programmschritte gemäß der vorgegebenen Abzugstabelle erfolgt in Abhängigkeit der Schlittenposition vom Nadelraster. Dazu wird die Schlittenposition mit einem an der Hauptwelle des Schlittenantriebes angebrachten Drehgebers erfasst und auf ein Nadelraster normiert, das der Teilung der Strickmaschine entspricht. Die Programmfortschaltung kann damit in jeder beliebigen Schlittenposition durch Angabe der Nadelnummer gestartet werden [CKD$^+$12, Sch13].

Zur Programmierung der Abzugswege stehen bis zu 15.000 Datenzeilen und damit Maschenreihen zur Verfügung. Sie sind zur komfortablen Verwaltung auf Tabellenblätter aufgeteilt und können durch Auswahl des entsprechenden Dateinamens in das Onlinefenster des Panel-PCs geladen sowie abgearbeitet werden [Sch13]. In der Abbildung 4.37 ist dieses Onlinefenster mit einem exemplarisch aufgerufenen Abzugsprogramm dargestellt. Die 50 Abzugssegmente sind auf einem Meter Gestrickbreite ausgerichtet, so dass jedes Abzugssegment für 5 bis 6 Maschen verantwortlich ist.

Mit Hilfe einer Ablaufmaske können der komplette Datensatz bearbeitet oder beliebige Programmabschnitte (Rapporte) wiederholt automatisch aufgerufen werden. Ein Online-Zeiger

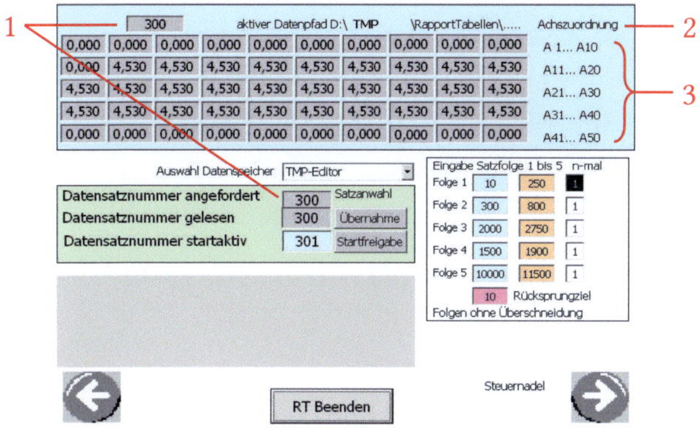

Abbildung 4.37: Onlinefenster zur Bedienung des segmentierten Abzugs: 1-aktuell in Abarbeitung befindliche Zeile des Datensatzes; 2-aktueller Datenpfad zur Quelldatei; 3-Abzugsmatrix für die 50 einzelnen Segmente mit Angabe der Abzugswege in mm

informiert darüber, welcher Datenbereich momentan abgearbeitet wird. Aktuell nicht benötigte Datensätze können in entsprechenden Archivordnern abgelegt werden. Zur Unterstützung der Programmerstellung bzw. Programmvariation direkt an der Maschine sind verschiedene Ausfüllfunktionen mit Konstanten und Formeln hinterlegt [Sch13]. Wenn die Strickkontur komplex ist, können die bereits programmierten Ausfüllfunktionen nicht angewendet werden. Somit müssten die Abzugswerte Zeile für Zeile neu eingegeben werden. Dies ist sehr zeitaufwendig. Durch den Datenexport aus *DC3D* mit dem Koeffizienten K_{II} kann das Abzugsprogramm in *Excel* für die Gestrickkontur bauteilgerecht in effektiver Weise erstellt werden. Die Ermittlung des Koeffizienten K_{II} für das Abzugsprogramm ist in [Son14] ausführlich beschrieben.

Die Koeffizienten K_{II} für das Abzugsprogramm werden auf Basis des Koeffizient K_{I} unter Berücksichtigung der angewandten Zellengröße mit variabler Zellenbreite und Zellenhöhe in *Excel* ermittelt. Bei einer Maschinenfeinheit von E7 beträgt die Maschen- bzw. Nadelanzahl pro Abzugselement (MA_{Abzug}):

$$MA_{Abzug} = K_I \cdot 20. \tag{4.9}$$

Somit ergeben sich:

$$K_{IIb} = K_I \cdot P_{zb}/MA_{Abzug} = K_I \cdot P_{zb}/(K_I \cdot 20) = P_{zb}/20, \tag{4.10}$$

$$K_{IIh} = K_I \cdot P_{zh}. \tag{4.11}$$

Darin bedeuten:

K_{I} Koeffizient für bmp-Export aus *DC3D* zur Erstellung des Strickprogramms in *Model*,

K_{IIb} Koeffizient (Breite) für bmp-Export aus *DC3D* zur Erstellung des Abzugsprogramms in *Excel*,

K_{IIh} Koeffizient (Höhe) für bmp-Export aus *DC3D* zur Erstellung des Abzugsprogramms in *Excel*,

P_{zb} Pixelwert der Zellenbreite in *Excel* und

P_{zh} Pixelwert der Zellenhöhe in *Excel*.

Beträgt die Zellengröße in *Excel* 30 Pixel x 15 Pixel, sind die Koeffizienten K_{IIb} 1,50 und K_{IIh} 4,14 (Abb. 4.38).

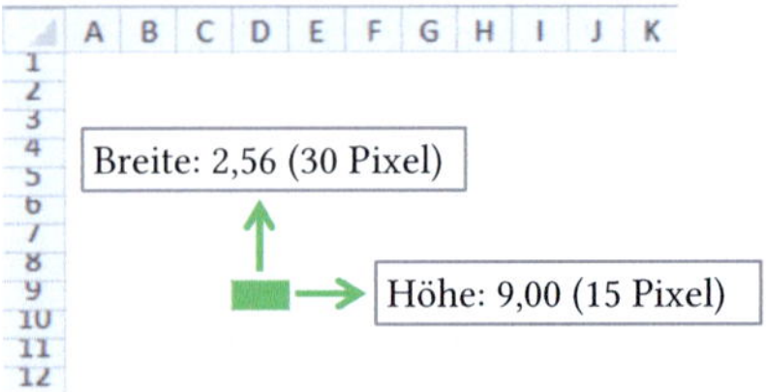

Abbildung 4.38: Beispiel der Dimensionierung der Zellen in *Excel*

Die Datenparameter für die Farbe (Truecolor) können bei der Abzugsprogrammierung beibehalten werden, weil es keine farbliche Begrenzung des Datenimports in der Software *Excel* gibt.

Unter Berücksichtigung des geforderten Verhältnisses von 1:1 bezogen auf KD/SD wird der Abzugswert mit 4,53 mm experimentell ermittelt. Der theoretische Abzugswert beträgt hingegen 3,63 (25,4/7) mm. Um den beim Abzug des Biaxialgestricks auftretenden Schlupf auszugleichen, war eine Erhöhung dieses Wertes erforderlich. Die Anpassung muss materialabhängig bestimmt werden.

Abbildung 4.39: Abzugs- und Andruckwalzen des segmentierten Abzugs

Der Antrieb der jeweiligen Abzugswalze des segmentierten Abzugs erfolgt je nach Abzugskonzept einzelmotorisch. Um die für das Stricken notwendige Warenspannung zu erzeugen, kommen Andruckwalzen zur Anwendung (Abb. 4.39). Die Einstellung dieser Andruckwalzen erfolgt experimentell.

4.6 Einbindung des Kettfadenförderers in die Programmierung

Durch die Verwendung des segmentierten Abzuges reduziert sich die reproduzierbar zu strickende Maschenlänge von 600 auf 430. Die geringere Maschenlänge setzt die Drapierbarkeit der 2-lagigen Biaxialgestricke stark herab. Obwohl dieser Nachteil der reduzierten Fadenreserve durch die Formgebung teilweise ausgeglichen wird, ist es doch wünschenswert, die Maschenlänge zu erhöhen. Um dieses Ziel zu erreichen, wird ein Kettfadenförderer installiert (vgl. Kapitel 3.2.1) [Sch13]. Somit werden weitere Strickversuche erforderlich, um herauszufinden, welche Einstellungen der Maschenlänge unter Verwendung von Kettfadenförderer und segmentiertem Abzug möglich sind. Die Zustellwerte des Kettfadenförderers werden experimentell ermittelt und in Tabellenform in *Excel* eingegeben. Das Onlinefenster zur Programmierung des Kettfadenförderers ist dem des segmentierten Abzuges ähnlich. Im Untersuchungsfall werden 26 Segmente des Kettfadenförderers aufgebaut (Abb. 4.40).

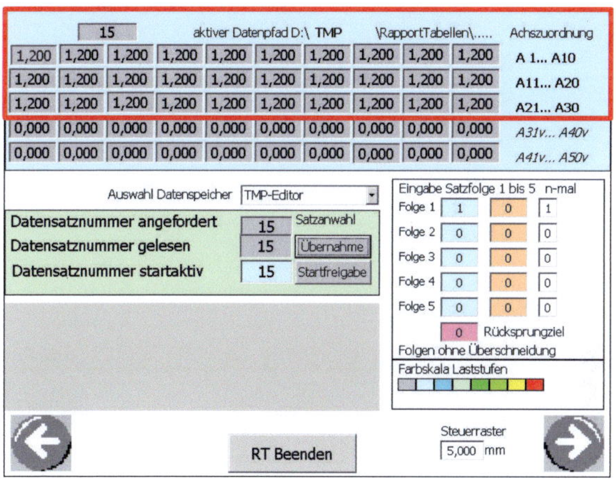

Abbildung 4.40: Onlinefenster zur Bedienung des Kettfadenförderers

Die Programmierung des Kettfadenförderers erfolgt materialabhängig. Eine Berücksichtigung der Gestrickkontur ist nicht notwendig. Die bestimmten Zustellwerte (Tab. 4.7) sollen die Erzielung des Verhältnisses von 1:1 der KD/SD ermöglichen.

Die Strickversuche ergeben, dass trotz des Kettfadenförderers der Schlupf beim Abzug erhalten bleibt, so dass die Reduzierung der Abzugswerte nur in Abstimmung mit den Zustellwerten des Kettfadenförderers sinnvoll ist.

Tabelle 4.7: Einfluss der Maschinenparameter auf das Verhältnis KD/SD

Maschen-länge	**Abzugswert in mm**	**Zustellwert des Kettfaden-förderers in mm**	**Gemessene Schussfaden-dichte in dm^{-1}**	**Verhältnis KD/SD**
420	3,81	1,2	33	1:1,20
430	3,81	1,2	32	1:1,16
440	3,81	1,2	31	1:1,12
450	3,81	1,2	31	1:1,12
450	3,63	1,2	31	1:1,12
470	3,81	1,2	30	1:1,09
490	3,81	1,2	30	1:1,09
500	**4,53**	**1,2**	**28**	**1:1,02**
500	**3,81**	**1,1**	**28**	**1:1,02**
500	**4,03**	**1,4**	**28**	**1:1,02**
500	3,81	1,4	29	1:1,05
500	3,81	1,3	29	1:1,05
510	4,53	1,0	27	1:0,98
510	4,53	1,2	27	1:0,98
510	3,81	1,0	29	1:1,05
520	4,53	1,2	26	1:0,94
530	4,53	1,2	26	1:0,94

Die Gestricke mit einer Maschenlänge von 500 zeigen eine gute Drapierbarkeit. Damit kann der teilweise erforderliche Aufwand (Nachdrapierung) zur Herstellung einer Preform, die einer komplexen Bauteilgeometrie entspricht, minimiert werden. Außerdem erhöht sich durch die vergrößerte Maschenlänge auch die Anzahl der maximal möglichen Maschenreihen beim Nadelparken.

5 Stricktechnische Untersuchungen

Die prinzipiellen Möglichkeiten der Formgebung auf FSM sind im Kapitel 2 bereits dargestellt. Im Weiteren erfolgt die Validierung dieser Möglichkeiten anhand der Referenzgeometrien und der bevorzugten Abwicklungen sowie des zu verwendenden Garnmaterials.

Der minimale Abstand zwischen den einzelnen Kettfäden ist durch die Maschinenfeinheit fest vorgegeben und nicht veränderbar. Bei der zur Verfügung stehenden FSM *aries.3* der Firma Steiger (Feinheit E7) beträgt er 3,63 mm. Die Schussdichte kann maschinenseitig durch die Einstellungen für die Maschenlänge, das Abzugssystem und die Kettfadenförderer beeinflusst werden. In Kett- und Schussfadenrichtung sollen annährend gleiche Verstärkungseigenschaften erreicht werden. Das angestrebte Verhältnis zwischen Kett- und Schussdichte beträgt somit aufgrund der vorgegebenen Fadenfeinheiten 1:1 (siehe Kapitel 3.2.2).

Mit folgenden, in Vorversuchen ermittelten Einstellungen, kann bei einem Biaxialgestrick ohne Formgebung die geforderte Schussdichte erreicht werden:

- Einstellwert der Maschenlänge: 500,
- Abzugswert: 4,53 mm,
- Zustellwert des Kettfadenförderers: 1,2 mm und
- Schlittengeschwindigkeit: 0,15 m/s.

In den weiteren Versuchen werden ausgehend von den ermittelten Parametern die Grenzen der Formgebungsmöglichkeit durch

a) das Nadelparken
b) das Mindern/Umhängen und Abketteln
c) den Einsatz mehrerer Fadenführer

sowie in Kombination ermittelt.

5.1 Grundlegende Untersuchungen zum Einsatz der Formgebungstechniken

5.1.1 Nadelparken

Beim Nadelparken wird die Anzahl der Maschen in Maschenstäbchenrichtung variiert (vgl. Kapitel 2.4). Eingesetzt wird das Nadelparken z. B. zum Verbinden von Kanten bei der Variante KT1 des Kabinenträgers (vgl. Kapitel 4.3.2).

Zur Erzeugung endkonturnaher 2-lagiger Biaxialgestricke ist die Formgebung beim Nadelparken mit dem Teilschusseintrag zu verbinden. Um einen Teilschuss auf der verwendeten FSM zu realisieren, wird nach folgendem Ablauf vorgegangen: Der Schussfaden wird nur über eine Teilbreite zwischen den gewünschten Nadeln eingelegt und im selben Schlittenhub durch Maschen fixiert. Anschließend erfolgt die Schlittenumkehr, wodurch der Schussfaden in der entgegengesetzten Richtung, beginnend bei der letzten Nadel, aus dem vorhergehenden Ablaufschritt bis zur nächsten gewünschten Nadel eingelegt und wieder durch Maschen fixiert wird [Tae06].

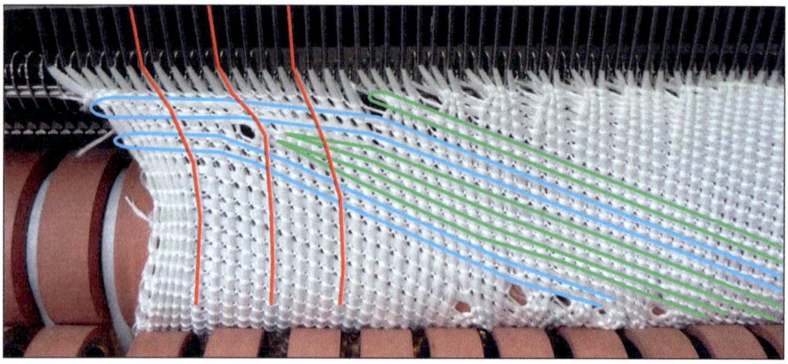

Abbildung 5.1: Fadenorientierung beim Nadelparken: rot - Kettfaden; grün - Teilschuss; blau - Durchstrickreihen

In Abbildung 5.1 ist zu sehen, dass die Kettfäden durch das Nadelparken über mehrere Maschenreihen nicht, wie eigentlich vorgesehen, senkrecht zur Fertigungsrichtung liegen. Dies reduziert den Zwischenraum und erhöht das Risiko, dass die ausgetriebenen Stricknadeln in die Kettfäden einstechen. Gegebenenfalls werden die Kettfadenröhrchen durch die anliegenden Kräfte verformt und sind dadurch nicht im Zwischenraum positioniert, so dass die Stricknadeln auf diese treffen können (siehe. Abb. 2.15 in Kapitel 2.4). Zur Entlastung der Kettfäden/Maschenfäden wird deshalb ein negativer Abzugsweg eingestellt. Die Abbildung 5.2 zeigt die Auswirkung dieser Einstellung - die resultierende Entlastung ist nur direkt oberhalb der Abzugssegmente zu erkennen.

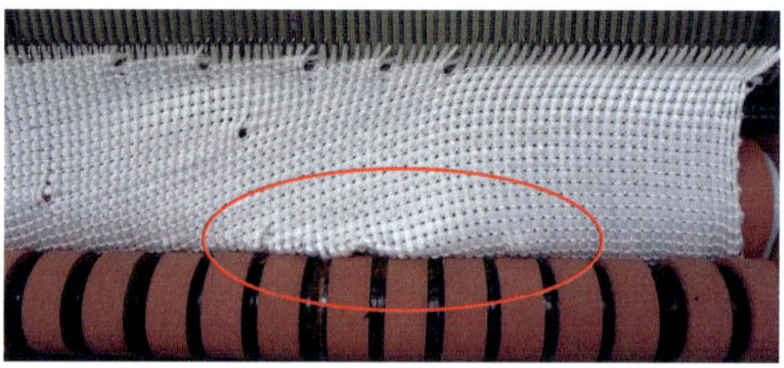

Abbildung 5.2: Effekt einer negativen Zustellung des Abzugswegs

Das beschriebene Problem (siehe Abb. 5.1) wirkt sich beim Nadelparken nicht so gravierend negativ aus, hingegen ist das Mindern/Abketteln mit Maschenübertragung damit sehr problematisch ausführbar.

Um die deutlich erkennbaren Löcher im Gestrick beim Teilschusseintrag zu verkleinern (Abb. 5.1 und Abb. 5.2), wird der Strickvorgang an diesen Positionen verändert. Unter Nutzung der bindungstechnischen Möglichkeiten wird durch einen Henkel in der Schussumkehr die Halbmasche mit einer zusätzlichen Verbindung zur Nachbarmasche verstärkt (Abb. 5.3) [Tae06]. Die Auswirkungen der modifizierten Teilschussumkehr werden nach dem Drapieren deutlich.

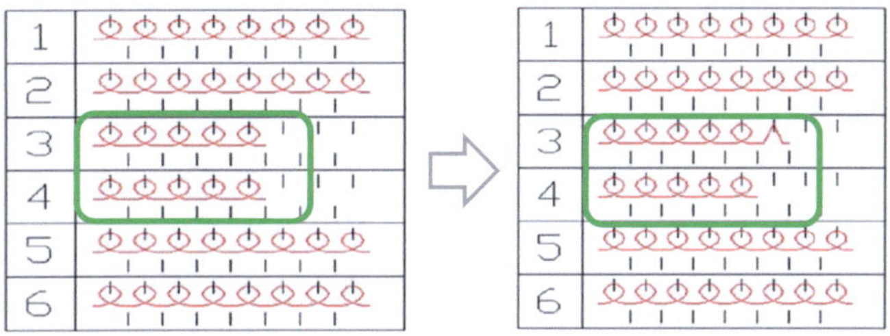

Abbildung 5.3: Modifikation der Bindung beim Teilschusseintrag zur Vermeidung der dabei entstandenen Löcher [Tae06]

Des Weiteren werden Untersuchungen zur Ermittlung der Limitierungen beim Nadelparken durchgeführt. Die Verbindung von zwei Punkten (rot dargestellt) lässt sich durch unterschiedliche Kurven realisieren. Nach dem Stricken ergeben sich dadurch verschiedene Volumina in den entstehenden 3D-Preforms (Abb. 5.4).

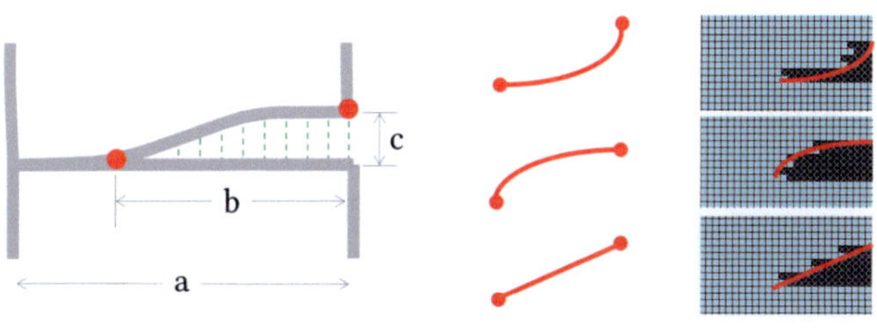

Abbildung 5.4: Ermittlung der Limits beim Nadelparken

Zur Ermittlung des Limits (c) der beim Nadelparken zu überbrückenden Maschenreihen werden Vorversuche nach folgender Vorgehensweise durchgeführt: die Gestrickbreite (a) wird mit einer Maschenanzahl von 58 definiert, (b) variiert zwischen ¼ und ¾ von (a), die Anzahl der zu überbrückenden Maschenreihen (c) kann 6, 8 oder 10 betragen. Um die Versuche genau voneinander zu trennen, werden dazwischen mehrere Reihen standardmäßig gestrickt.

Die Ergebnisse zeigen, dass die Schwierigkeiten bei der stricktechnischen Umsetzung umso größer sind, je kleiner (b) ist. Die Ergebnisse in Tabelle 5.1 betreffen die Anzahl der positiven Versuche bezogen auf die Anzahl der Versuche insgesamt. Sollen 10 Maschenreihen überbrückt werden, ist die Gefahr der Maschenschädigung bis hin zum Reißen bei allen Varianten sehr groß.

Tabelle 5.1: Bewertung der Realisierbarkeit des Nadelparkens

a = 58								
b = ¼a			b = ½a			b = ¾a		
c			c			c		
6	8	10	6	8	10	6	8	10
18/24	3/20	1/18	29/30	25/30	6/30	27/30	23/30	10/30

a - [Maschenanzahl]; b - [Maschenanzahl]; c - [Anzahl der Maschenreihen]

Des Weiteren wird untersucht, wie viele Reihen mindestens als Übergang zwischen den Musterungen gestrickt werden müssen. Dazu wird das Muster fünfmal wiederholt (Abb. 5.5). Die Anzahl der standardmäßig gestrickten Maschenreihen variiert von 4 bis 10. Um einigermaßen gesicherte Aussagen treffen zu können, wird das dargestellte Muster fünfmal gestrickt. Wie die Abbildung 5.5 zeigt, konnten nur drei Muster ohne Schädigungen gestrickt werden. Dieses Resultat unterstreicht die Schwierigkeit einer starken Formgebung mit spröden Maschenfäden.

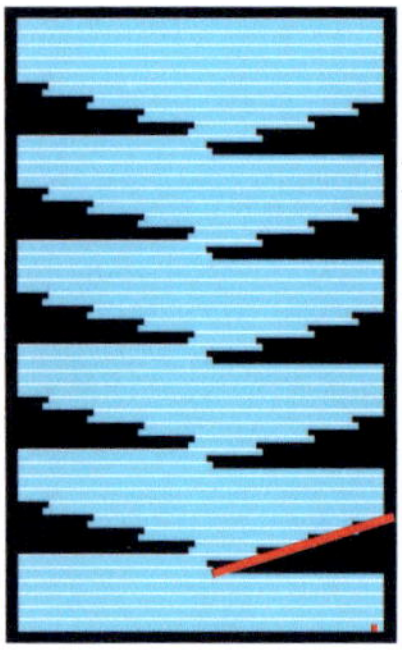

a=58, b≈½a, c=8				
Anzahl der Durchstrickreihen				
I	4	6	6	8
II	6	6	6	8
III	8	6	8	8
IV	10	6	8	8
Erg.	x	x	x	**ok**
	0/5	0/5	0/5	**3/5**

Abbildung 5.5: Strickmuster zur Ermittlung der Grenzen für die Formgebung mittels Nadelparken

Ein Pappmodell (Abb. 5.6, a) zeigt die resultierende Geometrie, die je nach Krafteinwirkung am Rand unterschiedlich ausgebildet werden kann. In Abbildung 5.6 (b) ist die aus der FSM ohne Nachdrapierung kommende Preform dargestellt. Die erzielte Formgebung ist sehr gut zu erkennen.

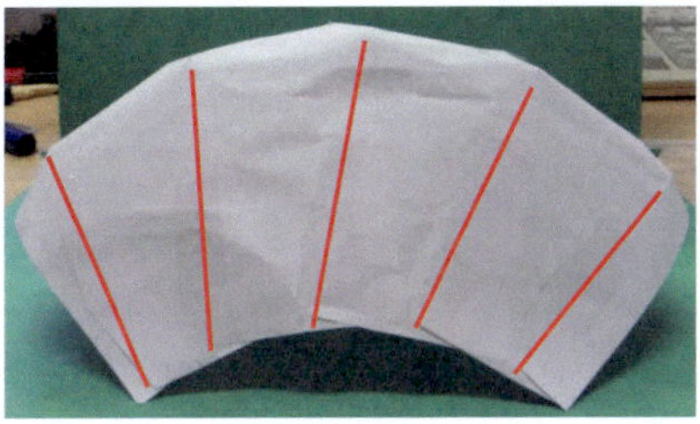

(a)

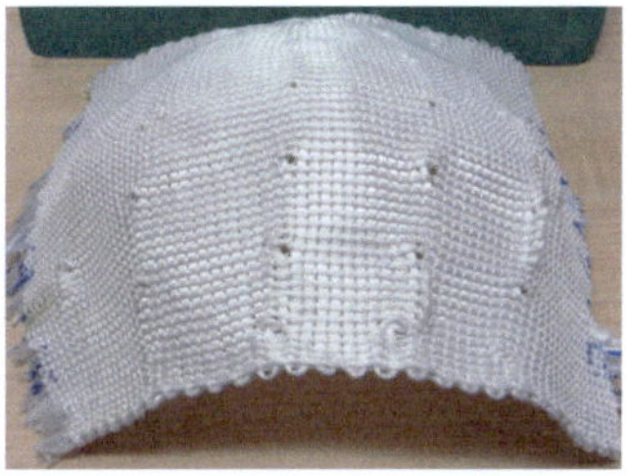

(b)

Abbildung 5.6: (a) Pappmodell; (b) Preform mittels Nadelparken erzeugt

Um die Herstellung fehlerfreier Gestricke beim Einsatz eines spröden Maschenfadens zu verbessern, können auch im Bereich der Formgebung Strickreihen über die gesamte Gestrickbreite eingefügt werden. Diese Variante wird zur Formgebung , u. a. bei den Demonstratoren, eingesetzt (siehe auch Kapitel 5.2.1 und 5.2.3).

5.1.2 Mindern/Abketteln

Mindern und Abketteln werden zum Erzeugen fester Gestrickkanten bei einer Verringerung der Gestrickbreite eingesetzt. Beim Mindern liegt die entstehende Kante schräg zur Fertigungsrichtung, während sich diese beim Abketteln senkrecht zur Fertigungsrichtung befindet. Stricktechnisch ist für diese Formgebungsvariante die Maschenübertragung erforderlich (vgl. Kapitel 2.4). Beim Stricken mit Verstärkungsfäden ergeben sich dabei, wie bereits beschrieben, häufig Fehler.

Abbildung 5.7: Formgebung durch Abketteln

Die Nadel muss sich für die Maschenübertragung zur Übergabeposition bewegen, so dass die Gefahr besteht, dass der Maschenfaden durch das Aufweiten der Maschen zerstört wird.

Wird der Maschenfaden nicht zerstört, kann es bei Verwendung spröder Maschenfäden dennoch dazu kommen, dass die vergrößerte Masche nicht aufgenommen wird und damit eine Fallmasche entsteht. Außerdem ist es schwierig, die Abzugswerte für die zugehörigen Abzugssegmente richtig zu programmieren. Deutlich unterschiedliche Abzugswerte benachbarter Segmente sind nicht umsetzbar, da durch die Maschenstruktur auch die benachbarten Gestrickabschnitte beeinflusst werden. Weiterhin ist es notwendig, die nicht mehr für das Gestrick benötigten Kettfäden an diesen Stellen manuell zu trennen.

Bei Vorversuchen zur Anwendung der Formgebungsmöglichkeiten Mindern und Abketteln (Abb. 5.7) musste die Maschinengeschwindigkeit sehr stark reduziert werden. Damit lässt sich resümierend feststellen, dass im Untersuchungsfall Mindern und Abketteln nur sehr begrenzt zur Formgebung einsetzbar sind.

Das Abketteln wird bei herkömmlichen Gestricken zur Herstellung einer festen Abschlusskante eingesetzt. Für Biaxial- und Mehrlagengestricke muss hierfür in nachfolgenden Forschungsarbeiten nach alternativen Lösungen gesucht werden.

5.1.3 Einsatz mehrerer Fadenführer

Die Abbildung 5.8 zeigt die Ergebnisse bei der Formgebung durch den Einsatz mehrerer Fadenführer (vgl. Kapitel 2.4). Die resultierenden Verstärkungshalbzeuge bzw. Preforms besitzen eine feste Kante und durchgängige Schussfadenverstärkungen im jeweils separaten Bereich. Diese Art der Formgebung erbringt ein stricktechnisch gutes Resultat ist aber sehr zeitaufwendig.

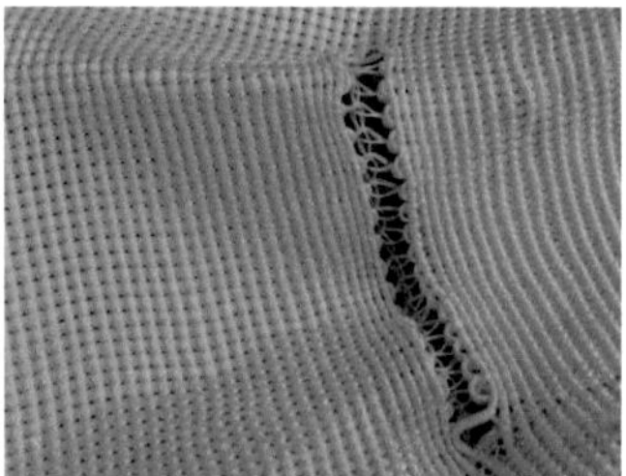

Abbildung 5.8: Formgebung durch den Einsatz mehrerer Fadenführer

5.2 Anwendung ausgewählter Formgebungstechniken an Referenz- und Bauteilgeometrien

5.2.1 Eckverbinder Variante E2a und E5a

Bei der Herstellung des Eckverbinders war die maschinentechnische Einbindung des Kettfadenförderers noch nicht abgeschlossen, so dass Maschenlänge und Abzugswert mit 430 bzw. 4,53 mm eingestellt wurden.

Unter Berücksichtigung der erzielten Erkenntnisse zu den Formgebungstechniken mussten die Konturen der Variante E2a weiter modifiziert werden. Die Abbildung 5.9 zeigt diese Konturen und die damit erzielbaren Strickergebnisse.

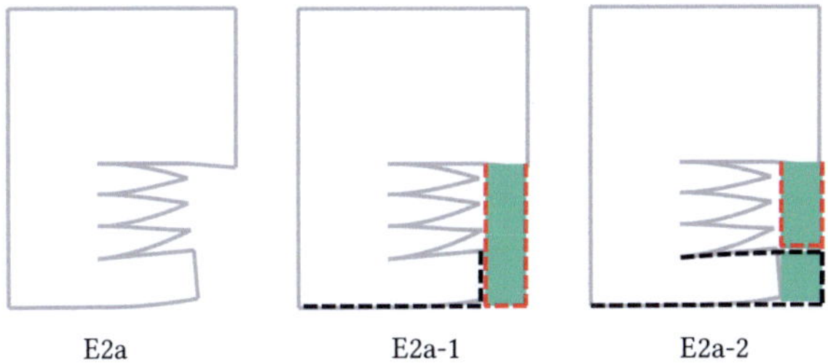

Abbildung 5.9: Konturvariante E2a (grüner Bereich - ergänztes Gestrick)

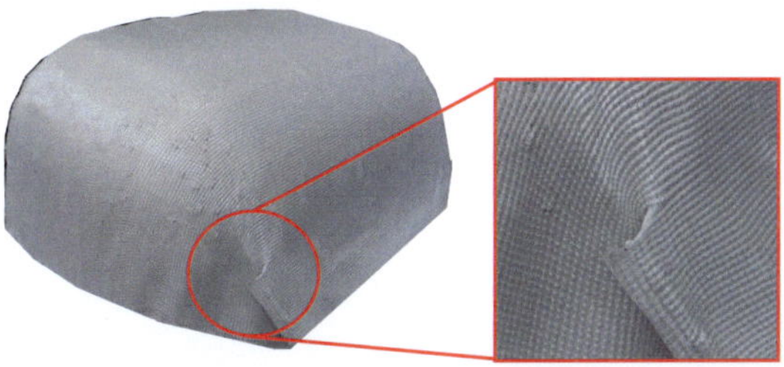

Abbildung 5.10: Gestrick E2a-2: Preform mit Überlappungsstelle

Die Variante E2a wird mittels Nadelparken und Abketteln umgesetzt. Die Maschenübertragung ist dadurch zeitaufwendig und teilweise störanfällig. Die Kontur der Variante E2a wird erneut modifiziert, um die Stricktechnik Abketteln zu vermeiden. Zur Umsetzung der entstandenen Varianten E2a-1 und E2a-2 werden zusätzlich zum Nadelparken noch mehrere Fadenführer eingesetzt. Ohne Kettfadenförderer werden die Kettfäden im Bereich des Nadelparkens stark beansprucht und im Gestrick zeigt sich häufig eine bogenförmige Welle (vgl. Kapitel 3.2.1 und Abb. 3.7).

Mittels Ultraschallschneider erfolgt die Teilung des gefertigten Gestricks zwischen dem ergänzten Bereich und der berechneten Kontur der Variante E2a-2. Die Formanpassung an das Drapierwerkzeug ist noch nicht optimal. Die Detailaufnahme in Abbildung 5.10 zeigt die lokal stark erhöhte Schussdichte im Bereich der Überlappungsstelle.

Bei der Variante E5a (vgl. Kapitel 4.3.1) wird versucht, die Formgebung ohne späteres Zuschneiden komplett stricktechnisch umzusetzen. Da das Nadelparken nur über eine begrenzte Anzahl von Maschenreihen möglich ist, werden einige Maschenreihen mit Schussfadenverstärkung durchgestrickt, obwohl dies aus Formgebungssicht nicht erforderlich wäre (Abb. 5.11, Pfeil markiert). Ziel ist es, den Strickvorgang reibungslos durchzuführen. Die Abbildung 5.12 zeigt das Ergebnis der Umsetzung der Variante E5a ohne segmentierten Abzug und ohne Anwendung von Durchstrickreihen. Die Herstellung eines 3D-Gestricks ist damit nicht möglich. Durch die große Anzahl der Maschenreihen, in denen das Nadelparken zur Formgebung eingesetzt werden muss, gestaltet sich der Abzug schwierig, so dass die Schussdichte teilweise deutlich erhöht ist. Im Vergleich dazu kann die Preform für den Eckverbinder unter Verwendung des segmentierten Abzugs fast endkonturgerecht umgesetzt werden (Abb. 5.13). Des Weiteren wurde in den blau gekennzeichneten Bereichen die Maschenlänge (550) etwas erhöht, um das Nadelparken zu erleichtern. Zusammenfassend lässt sich feststellen, dass der Aufwand des Nachdrapierens beim Stricken ohne Anwendung des segmentierten Abzugs deutlich höher ist. Außerdem müssen mehr Übergangsreihen gestrickt werden, die die Materialeffizienz verringern.

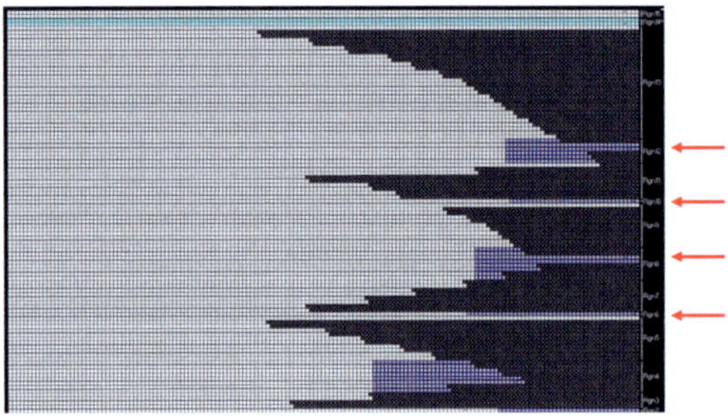

Abbildung 5.11: Gestrickprogramm der Variante E5a mit ergänzten Strickenreihen

5.2.2 Kabinenträger Variante KT1

Die in der Abbildung 5.14 (a) und (b) dargestellten Gestricke wurden unter ähnlichen Voraussetzungen hergestellt, wie der im vorhergehenden Kapitel beschriebene Eckverbinder. Die deutlich verbesserte Formgebung durch Einbindung des segmentierten Abzuges in die Programmierung (Abb. 5.14 b) ist klar erkennbar.

Da die Preform des Kabinenträgers entsprechend der Berechnung im Kapitel 4.3.2 mehrlagig aufgebaut werden muss, ist es erforderlich, die Geometrieveränderung aufgrund der Lagendicke zu berücksichtigen. Die Abbildung 5.15 zeigt einen Ausschnitt der Programmierung zur

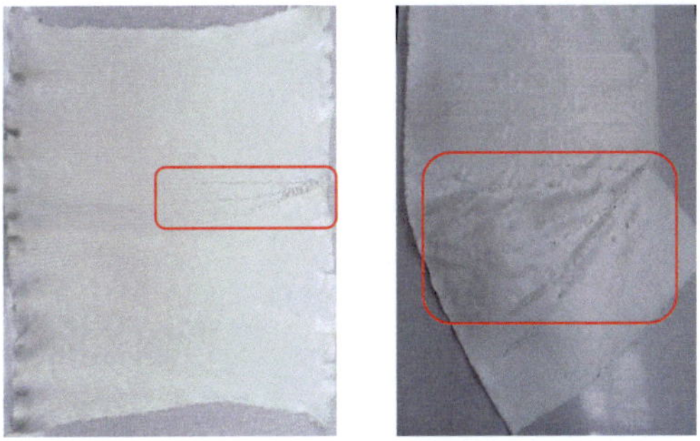

Abbildung 5.12: Biaxialgestrick der Variante E5a realisiert ohne (links) bzw. mit (rechts) segmentiertem Abzug (rote Markierung: Formgebung mittels Nadelparken)

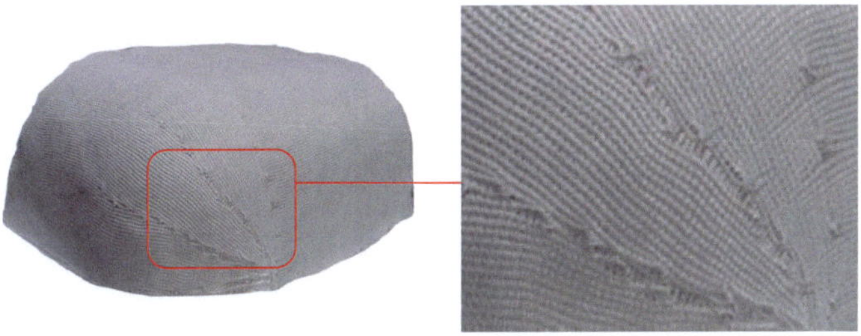

Abbildung 5.13: Biaxialgestrick der Variante E5a drapiert auf Werkzeug

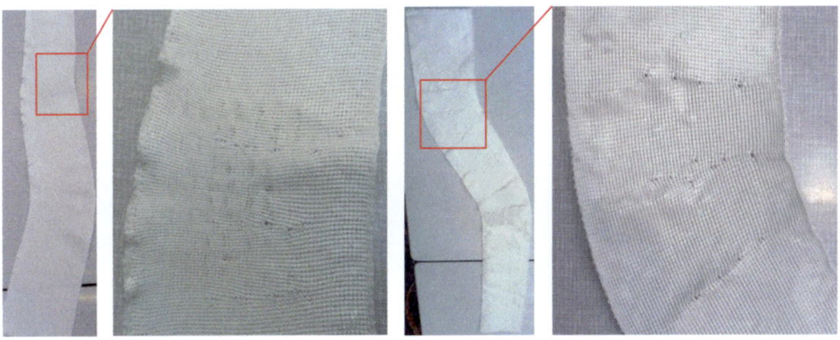

(a) (b)

Abbildung 5.14: Gestrick der Variante KT1 realisiert ohne (a) bzw. mit (b) segmentiertem Abzug

Formgebung, die zugehörige Preform sowie das HGTT-Verbundbauteil für den Kabinenträger. Das Bauteil weist eine durchgehende Kettfadenverstärkung entlang der Krümmung des Kabinenträgers und eine weitestgehend rechtwinklige Anordnung der Schussverstärkung zur Bauteilkante auf.

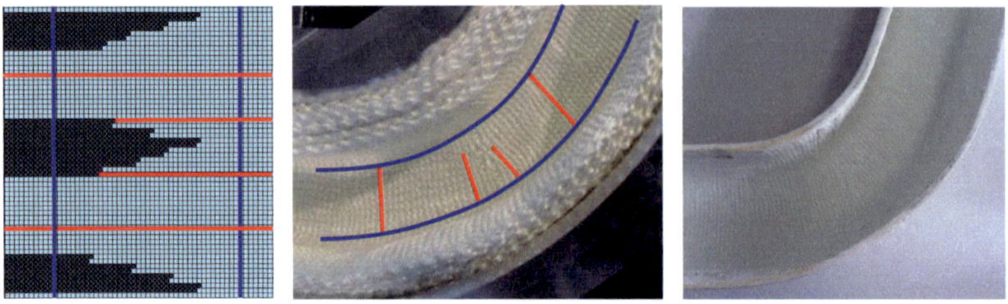

(a) (b) (c)

Abbildung 5.15: (a) Ausschnitt des Musterprogramms in *Model*; (b) Preformaufbau; (c) HGTT-Verbundbauteil des Kabinenträgers

5.2.3 Halbkugel Variante HK2d

Die formgerechte Herstellung der Halbkugel ohne wesentliche Nachdrapierung ist nur mit Einsatz des segmentierten Abzugs und der Implementierung des Kettfadenförderers möglich. Der Einstellwert der Maschenlänge wird zwischen 430 und 500 variiert, der Abzugswert von 4,53 mm bleibt unverändert (vgl. Kapitel 4.6). Da das Mindern zur Formgebung aufgrund der stark reduzierten Fertigungsgeschwindigkeit nicht wirtschaftlich einsetzbar ist, wird darauf verzichtet und die Kontur, wie in der Abbildung 5.16 dargestellt, abgeändert.

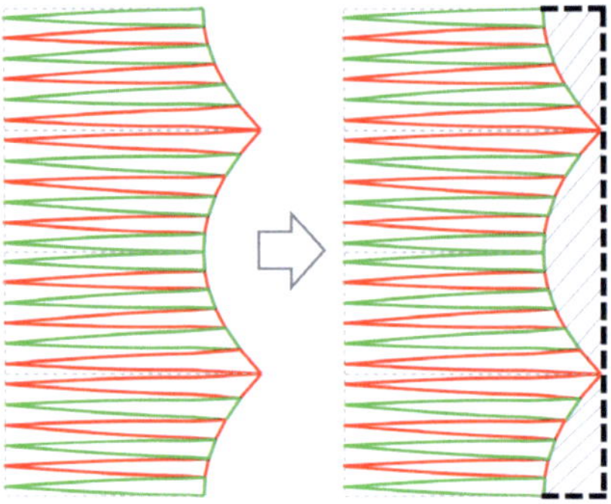

Abbildung 5.16: Konturanpassung Variante HK2d (für die Hälfte der Halbkugel)

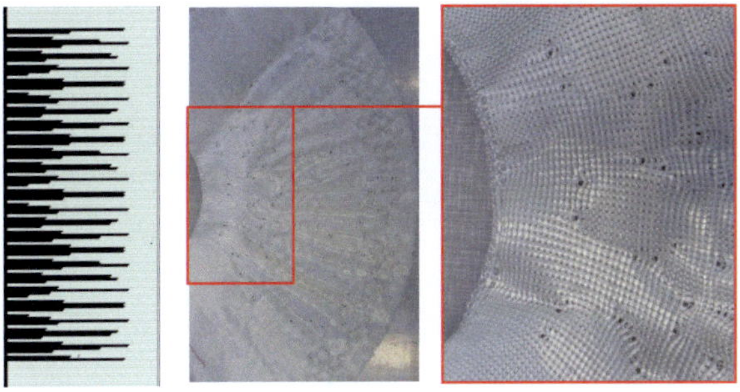

(a) (b)

Abbildung 5.17: Variante HK2d: (a) Strickprogramm; (b) Detailansicht des Verstärkungshalbzeuges

Das Strickprogramm und die gefertigten textilen Verstärkungshalbzeuge sind in Abbildung 5.17 dargestellt. Durch die Berücksichtigung der Maschinenfeinheit und der Schussdichte verändert sich die Kontur besonders im Bereich der Spitzen. Aus den Erfahrungen zur Überwindung der Schwierigkeiten beim Nadelparken und zur Sicherung der gewünschten Geometrie werden zunächst alle Spitzen stricktechnisch umgesetzt. Dadurch kommt es bei dem erstrebten Verstärkungsfadenverhältnis von 1:1 zu einem Materialüberschuss im oberen Teil der Halbkugel (Abb. 5.18 a). Beim weiteren Lagenaufbau bzw. vor der Konsolidierung werden die entstandenen Überlappstellen weggeschnitten, um eine insgesamt gleichmäßige Verbunddicke zu erreichen.

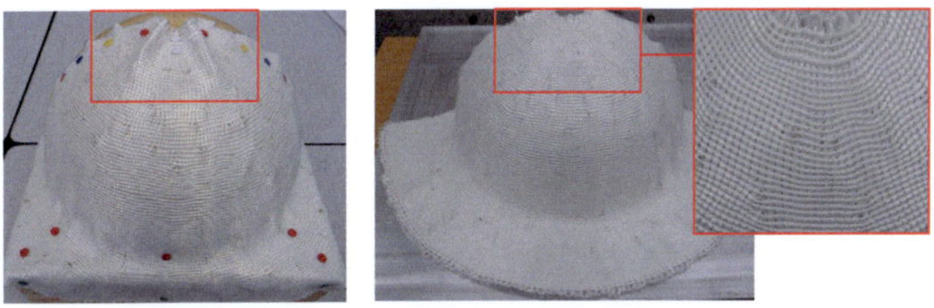

(a) (b)

Abbildung 5.18: Preform HK2d: (a) Variante mit gleichmäßigem Verstärkungsfadenverhältnis und Materialüberschuss; (b) Variante mit hoher Fadendichte im oberen Teil der Halbkugel

Alternativ kann durch das Nachdrapieren auch eine formgerechte Preform, aber mit ungleichmäßiger Fadendichte, erzeugt werden (Abb. 5.18 b).

Um die gezeigten Probleme zu vermeiden, wird versucht, die Schussverstärkung nur aller zwei Spitzen anzuwenden (Abb. 5.19). Dies lässt sich durch den Einsatz mehrerer Fadenführer

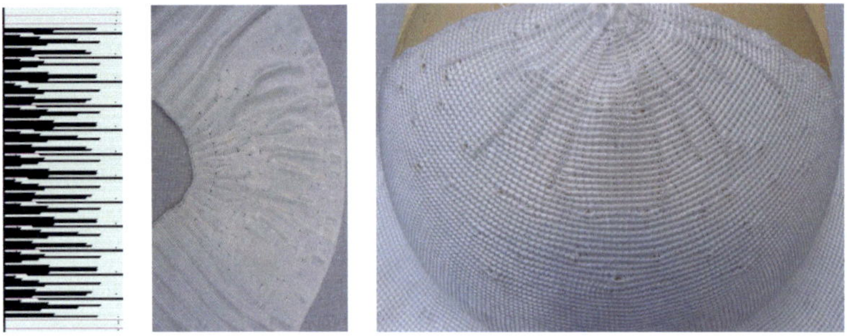

(a) (b) (c)

Abbildung 5.19: Gestrick HK2d: (a) Programm in *Model*; (b) formgerecht gestricktes Verstärkungshalbzeug; (c) Preform

erreichen (Abb. 5.19, c). Die Preform entspricht hinsichtlich der Geometrie den Anforderungen.

6 Untersuchungen zur Kombination von 2D/3D-Formgebungstechniken

Für komplexe Bauteilgeometrien ist es maschinentechnisch und programmierungsseitig sehr anspruchsvoll, 3D-Preforms in einem Fertigungsschritt (Direktpreforming) auf der Biaxialflachstrickmaschine herzustellen. Es wird deshalb untersucht, inwieweit sich textiltechnische und konfektionstechnische Formgebungsmöglichkeiten ergänzen können, um zu einer effizienten Preformfertigung zu gelangen.

Der Vorteil der Formgebung in einem separaten Konfektionsprozess (sequentielle Preformherstellung) liegt in der höheren Flexibilität bei der Anpassung an unterschiedliche Bauteilgeometrien. Werden die zu konfektionierenden Zuschnitte aus ebenen Verstärkungshalbzeugen gefertigt, besteht der Nachteil jedoch darin, dass Materialabfälle entstehen und zusätzliche Prozessschritte zum Fügen benötigt werden.

Werden die im Rahmen der Arbeit eingesetzten Verstärkungstextilien, die anteilig thermoplastische Faserstoffe enthalten, mit Hilfe von Ultraschall zugeschnitten, entstehen feste Schnittkanten [Gir11, Che11]. Eine thermisch fixierte Schnittkante kann die Geometriehaltigkeit und die Handhabung verbessern, aber auch das Drapierverhalten einschränken.

Zum Gewährleisten der mechanischen Funktionalität müssen die Zuschnitte belastungsgerecht zur Preform angeordnet werden. Die textile Fixierung und/oder Montage der endkonturnahen Preforms erfolgt vorwiegend mittels Nähen, Schweißen und/oder Kleben. Ebenso ist eine Anordnung der Preform-Zuschnitte Stoß an Stoß möglich, wobei die Stoßstellen allerdings über dem Lagenaufbau hinweg versetzt positioniert werden sollen, um Schwachstellen zu vermeiden oder zu mindern.

Als Alternative bleibt die Herstellung gut drapierbarer Verstärkungshalbzeuge. Ein hoher Umformgrad verursacht allerdings starke Veränderungen der Fadenorientierungen, die sich auf die mechanischen Eigenschaften des Bauteils negativ auswirken.

Um die Überlegungen zur zielführenden Kombination der genannten Varianten des Preformings zu untersetzen, werden experimentelle Untersuchungen anhand ebener Platten und eines auf Druck beanspruchten generischen HGTT-Verbundbauteils durchgeführt.

Nach der Preformfertigung, der Konsolidierung und der anschließenden Bauteilprüfung soll beurteilt werden, wie groß der Einfluss von nicht stetigen Textilverstärkungen in Form von Einschnitten/Überlappungsstellen auf die mechanischen Verbundeigenschaften ist. Des Weiteren lässt sich der Einfluss abweichender Fadenorientierungen ermitteln. Ziel ist es, den Formgebungsaufwand zu reduzieren, ohne die mechanischen Eigenschaften signifikant negativ zu beeinträchtigen.

6.1 Ermittlung des Einflusses von Einschnitten/Überlappungsstellen an ebenen Platten auf die mechanischen Verbundeigenschaften

Das Referenzmaterial MLG-V1a wird zunächst für Zugversuche eingesetzt. Jede Verbundprobe in Form einer ebenen Platte besteht aus fünf Lagen, die in Maschenstäbchenrichtung (in Richtung der Kettfadenverstärkung) zugeschnitten, gestapelt und in der Laborpresse konsolidiert werden (Abb. 6.1). Die mittlere Lage wird variiert, so dass die Referenz (Lage ohne Stoßstelle) mit einer Anordnung Stoß-an-Stoß sowie einer überlappenden Anordnung der Stoßstelle verglichen werden kann. Die Überlappungsbreite beträgt 10 mm und wird mittig zentriert. Beim Stapeln der Lagen wird auf einen symmetrischen Aufbau geachtet, um inhärente Spannungen des Textils auszugleichen und die Formstabilität der ebenen HGTT-Verbundplatte zu verbessern.

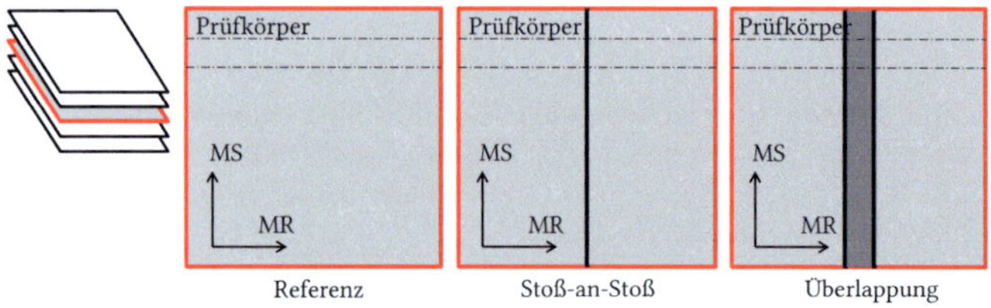

Abbildung 6.1: Schematische Darstellung des Lagenaufbaus

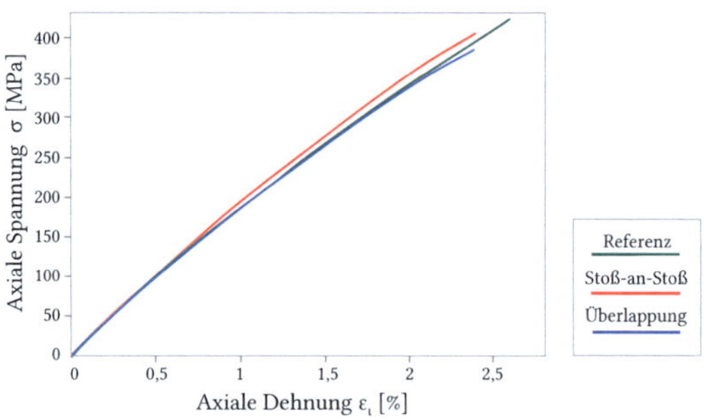

Abbildung 6.2: Spannungs-Dehnungskurven der 5-lagigen Verbundprüflinge des Referenzmaterials MLG-V1a

Die Prüflinge (mindestens 5 je Variante) werden nach DIN EN ISO 527-4 vorbereitet. Die Ergebnisse der Zugfestigkeitsmessung bei einer konstanten Dehnrate von 0,5 %/min sind in Abbildung 6.2 dargestellt. Unter Belastung verformt sich der Verbund fast linear und unterscheidet sich in den Prüfvarianten kaum.

Im Vergleich zu sehr geringen Steifigkeitsänderungen ist der Festigkeitsverlust bei einer axialen Dehnung von bis zu 4 % deutlich größer, und zwar bei der Variante Stoß-an-Stoß ca. 10 %

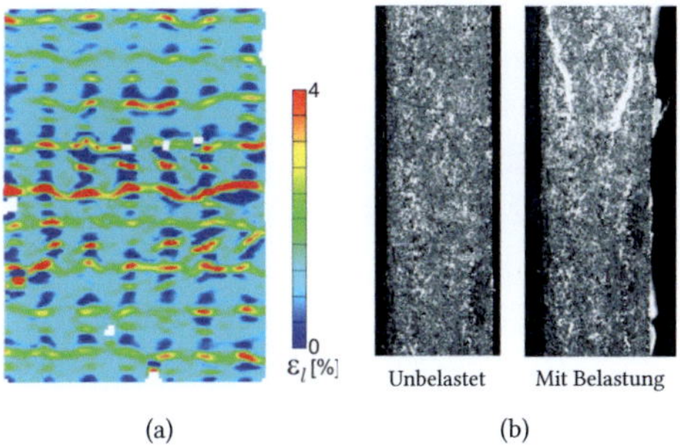

Abbildung 6.3: Untersuchung eines Verbunds mit Textilunterbrechung: (a) Verteilung der mit ARAMIS bestimmten Längsdehnung ε_l; (b) Seitenansicht des Prüfkörpers im Bereich der Textilunterbrechung [KU11]

und bei der Variante mit Überlappung ca. 5 %. Da bei der Variante mit Überlappung im Unstetigkeitsbereich ein relativ großer Dickensprung entsteht, wird diese Variante in den nachfolgenden Untersuchungen nicht weiter betrachtet.

In Abbildung 6.3 (a) ist die Dehnungsüberhöhung zu sehen, die mittels des ARAMIS-Systems berührungslos gemessen wird. Die Rissentwicklung ist in der Abbildung 6.3 (b) an der Seitenfläche des Prüfkörpers im Bereich zweier aneinanderstoßender Textilien dargestellt. Für die Auslegung von Strukturbauteilen muss der Einfluss dieser technologisch notwendigen Unstetigkeiten in der Textilverstärkung berücksichtigt werden [KU11].

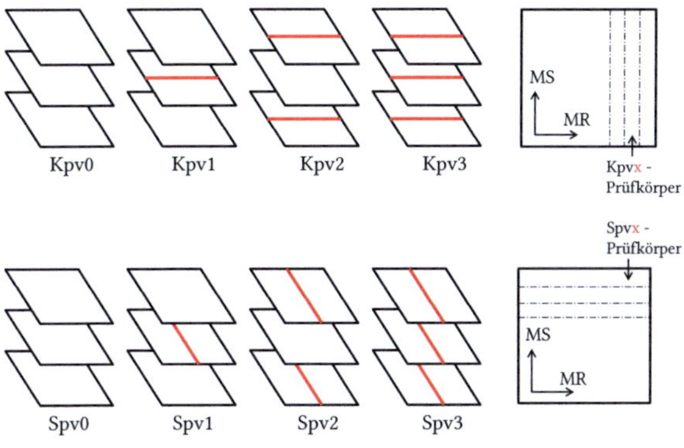

Abbildung 6.4: Zugversuche Stoß-an-Stoß 3-lagiger Verbundproben aus MLG-V1a

Die Stoß-an-Stoß Varianten werden nachfolgend weiter prüftechnisch untersucht. Im Unterschied zu den vorher beschriebenen Experimenten wird ein 3-lagiger Aufbau der ebenen Verbundplatten für die Zugversuche gewählt. Die Prüfkörper werden sowohl in MS-Richtung als auch in MR-Richtung dreilagig hergestellt. Die Anzahl der Stoßstellen variiert über dem Lagenaufbau von 0 bis 3 (siehe Abb. 6.4).

Die Auswirkungen der Variation der Anzahl der Einschnitte auf die axiale Spannung werden in Abbildung 6.5 dargestellt.

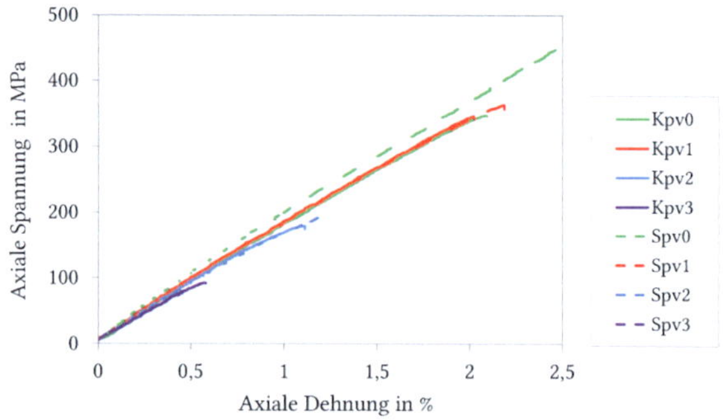

Abbildung 6.5: Spannungs-Dehnungskurven der 3-lagigen Verbundprüflinge des Referenzmaterials MLG-V1a bei variierender Anzahl der Einschnitte

Ein Einschnitt in der mittleren Lage wirkt sich nicht negativ auf die gemessene axiale Spannung der Verbundproben aus. Bei zwei Einschnitten verlieren die Zugproben deutlich an Festigkeit. Die axiale Spannung beträgt beim Bruch nur noch ca. 50 % des Ausgangswertes der Proben ohne Unstetigkeiten. Bei der Variante mit drei Einschnitten, die Stoß-an-Stoß positioniert sind, erreicht die axiale Spannung nur noch ca. 25 % des Ausgangswertes. Alle Verbundproben mit Einschnitten sind an den Stoßstellen gerissen. Ausgehend von den ermittelten Werten kann angenommen werden, dass bei geeigneter Positionierung der Stoßstellen im HGTT-Verbundbauteil, bei der die Einschnitte durch mindestens zwei Lagen kompensiert werden, kaum ein signifikanter Abfall der axialen Spannung auftritt.

Da das Leichtbaupotential bei komplexen FKV-Bauteilen, die in integraler Bauweise gefertigt werden, besonders hoch ist, reicht es nicht aus, den Einfluss von Stoßstellen nur an ebenen Verbundplatten zu überprüfen. Es wird deshalb anhand der Referenzgeometrie der Halbkugel mit ebener Auflage untersucht, ob es möglich ist, den fertigungstechnischen Aufwand beim formgerechten Flachstricken durch die Herstellung von Teilpreforms zu reduzieren und dennoch gute mechanische Eigenschaften zu erzielen. Bei dieser Referenzgeometrie ist es jedoch nicht sinnvoll, die Zugfestigkeit zu prüfen. Es wird deshalb ein Versuchsstand konzipiert, der eine Prüfung unter vertikaler Druckbeanspruchung zulässt (vgl. Kapitel 4.3.3, Abb. 4.22) [KLBK14].

6.1.1 Preformgenerierung aus Formgestrick

Die Preform für die Halbkugel kann aus einem Teil gestrickt werden. Außerdem werden weitere Varianten erprobt, die Oberfläche wird dazu in *Viertel* und *Halb* aufgeteilt (vgl. Kapitel 4.3.3). Die roten Linien in Abbildung 6.6 zeigen die Stoßkanten. Die schwarzen Linien skizzieren exemplarisch den Verstärkungsfadenverlauf dieser Varianten in radialer Richtung und in Umfangsrichtung. Die Qualität der beanspruchungsgerechten Ausrichtung der Verstärkungsfäden ist bei allen drei Varianten gleich gut. Der Unterschied besteht in der Größe der zu strickenden Teilpreforms und dem damit verbundenen Aufwand.

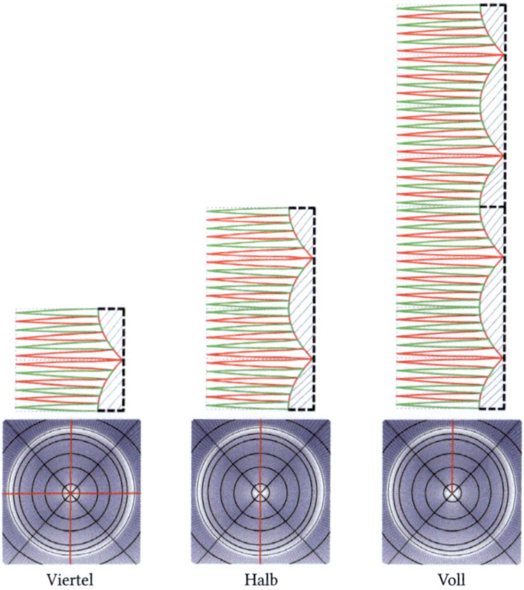

Abbildung 6.6: Verstärkungsfadenorientierung und Stoßstellen bei formgestrickten Preforms

6.1.2 Preformgenerierung aus Zuschnitten

Bei der Anwendung des kinematischen Abwicklungsalgorithmus in *DC3D* ist zu beachten, dass die Übereinstimmung der Flächeninhalte von 3D und 2D Priorität hat. Der Grund hierfür ist die sehr geringe Dehnbarkeit der Hochleistungsfäden bei der während der Umformung auftretenden Belastung. Somit können die Kantenlängen geringfügige Abweichungen aufweisen (Tab. 6.1).

Tabelle 6.1: Scherwinkelanalyse in 3D/2D bei einer Dreieckslänge von 5 mm

Teilpreform	Scherwinkelanalyse		
Achtel	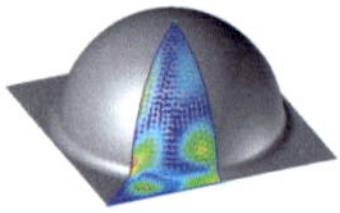 2,4°	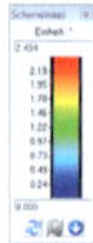	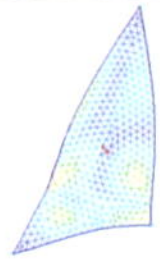
Viertel	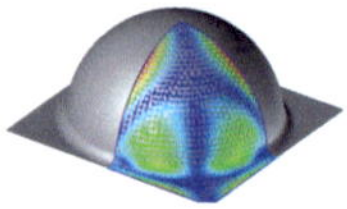 5,0°	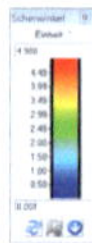	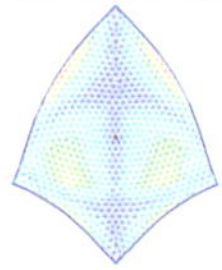
Viertel-Diagonal	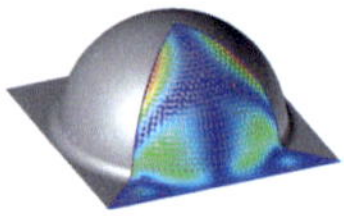 5,1°	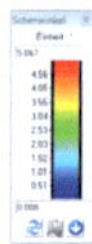	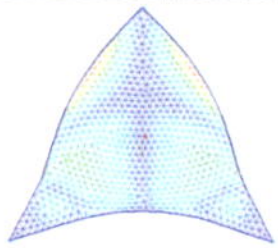
Halb	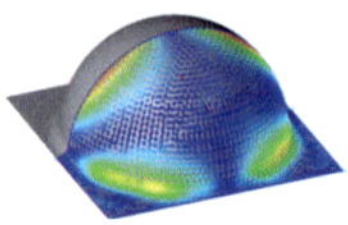 8,3°	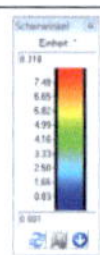	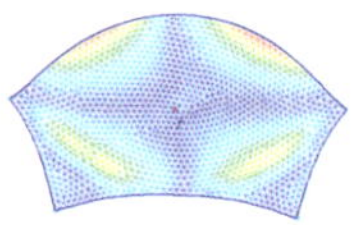
Voll	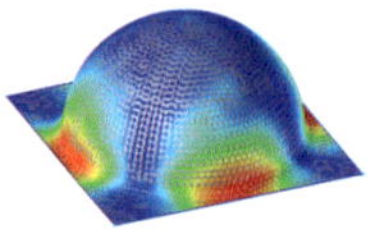 29,3°	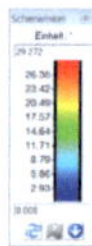	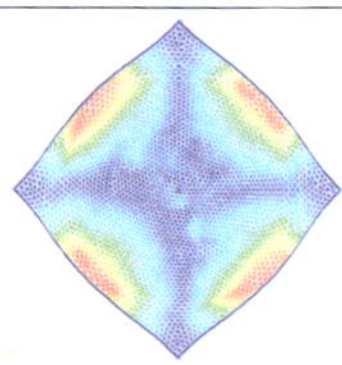

Die *Achtel, Viertel* und *Viertel-Diagonal* weisen Schwerwinkel bis zu 5,1° auf (Tab. 6.1). Der Vergleich der Flächeninhalte zeigt bereits bei einer Viertelteilung Abweichungen bis zu 5 cm². Dies lässt sich interaktiv noch verbessern, indem die Zuschnittskontur angepasst wird. Bei der *Halben* und *Vollen* Konfiguration ist eine verwertbare Berechnung der Abwicklungen mit der angewandten kinematischen Modellierungsstrategie nicht möglich. Während die Scherwinkel noch zu realisieren wären, ergeben sich deutlich unterschiedliche Flächeninhalte (bis zu 172,90 cm²) bzw. Fadenorientierungen (Tab. 6.2).

Beide Varianten werden deshalb innerhalb des Gliederungspunktes Preformgenerierung aus Zuschnitten nicht weiter verfolgt.

Wie Abbildung 6.7 zeigt, wird beim Preformaufbau aus *Achteln* die beste Übereinstimmung

Tabelle 6.2: Flächeninhalte in 3D/2D bzw. Scherwinkel bei einer Dreieckslänge von 5 mm

	Grundfläche					**Scherwinkel**
	3D		**2D**		**Abweichung**	
	[mm²]	Gesamt pro Lage [mm²]	[mm²]	Gesamt pro Lage [mm²]	[cm²]	[°]
Achtel	31.654	253.235	31.645	253.159	-0,76	2,4
Viertel	63.309	253.236	63.201	252.803	-4,33	5,0
Viertel-Diagonal	63.309	253.236	63.183	252.733	-5,03	5,1
Halb	126.618	253.236	125.881	251.762	-14,74	8,3
Voll	253.236	253.236	235.946	235.946	-172,90	29,3

mit der bei Druckbelastung vorgegebenen Fadenorientierung erreicht. Die Varianten *Viertel* und *Viertel-Diagonal* unterscheiden sich vorrangig durch die Lage der Stoßstellen. Der Aufwand beim Preforming ist natürlich bei den *Achteln* deutlich höher, ebenso die Anzahl der Stoßstellen.

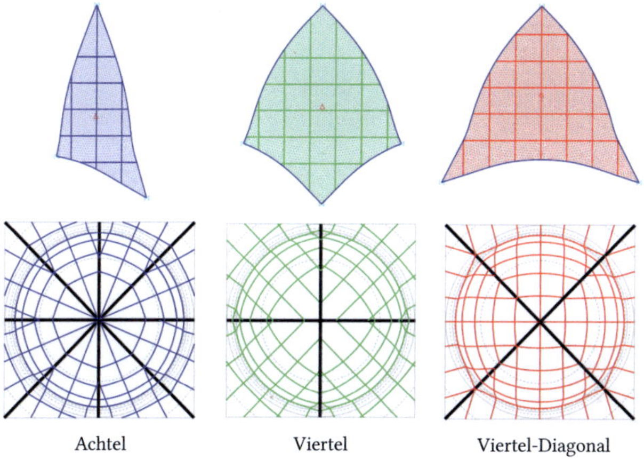

Abbildung 6.7: Draufsicht der simulierten Verstärkungsfadenverläufe in der Preform aus konfektionierten Zuschnitten (schwarze Linien - Stoßstellen)

6.1.3 Preformgenerierung durch Drapierung des Referenzmaterials

Als Folge der eingebrachten Kett- und Schussverstärkungsfäden weisen die 2-lagigen Biaxialgestricke eine ähnliche Dimensionsstabilität wie Gelege auf. Die vier Kreuzungsstellen zwischen Maschenkopf und Maschenfüßen jeder Mascheneinheit bilden den Drehpunkt bei einer Scherverformung, wobei die Maschenlänge konstant bleibt (Abb. 6.8). Die ursprünglich rechteckige Anordnung dieser Punkte wird unter Belastung zu einer Raute verzerrt. Der sich ergebende Winkel α wird dabei als Scherwinkel bezeichnet. Der kritische Scherwinkel gibt an, inwieweit eine Winkeländerung zwischen Kett-/Schussfäden und Maschenfaden ohne Faltenbildung möglich ist [Hö94]. Wenn es infolge der Verformung zur maximalen Fadenverdichtung kommt, erreicht der Scherwinkel seinen kritischen Wert. Dieser wird wesentlich durch die Maschenlänge beeinflusst.

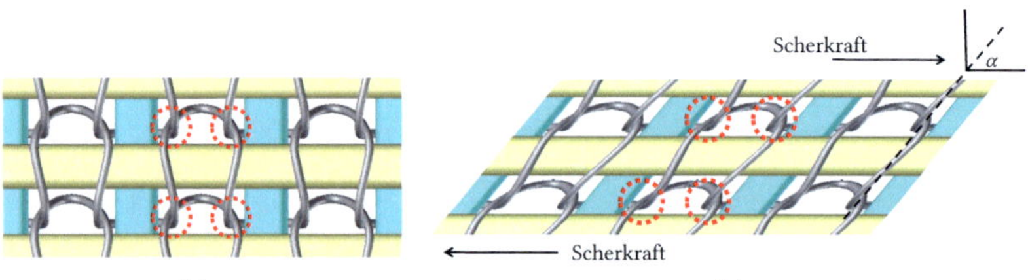

Abbildung 6.8: Kritischer Scherwinkel α nach [Hö94, Kö03, Krz05, Gir11]: (a) unverformt; (b) verformt

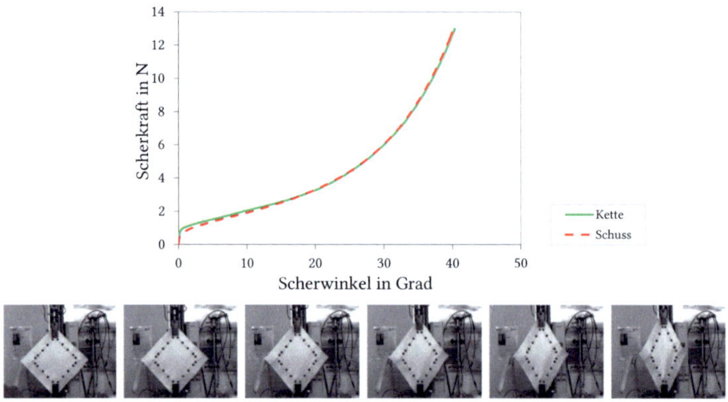

Abbildung 6.9: Prüfung des Scherverhaltens des MLG-V1a mittels Scherrahmen

Zur Bestimmung des Scherverhaltens des Referenzmaterials MLG-V1a dient eine Zugprüfmaschine der Firma Zwick GmbH & Co. KG [KG]. Das zu prüfende Textil wird so in einen Scherrahmen eingespannt, dass die Kett- und Schussfäden parallel zu den Kanten des Scherrahmens liegen. Der Rahmen wird diagonal in der Zugprüfmaschine befestigt. Der verwendete Scherrahmen wurde am ITM von [Ora06] entwickelt und nutzt den Verfahrweg der Zugprüfmaschine. Die genaue Prüfbeschreibung ist in [Ora06, Gir11] dokumentiert.

Während der optischen Erfassung der Messprobe kann bis zum Erreichen des maximalen Verformungswegs (80 mm) keine deutliche Aufwölbung/Faltenbildung detektiert werden (Abb. 6.9, unten).

Aufgrund der guten Drapierbarkeit der 2-lagigen biaxial verstärkten GF/PP-Gestricke lässt sich die Preform für die Halbkugel auch aus einem Zuschnitt faltenfrei herstellen. Hierbei weicht die Richtung der Verstärkungsfäden jedoch erheblich von der strukturmechanischen Auslegung ab (Abb. 6.10).

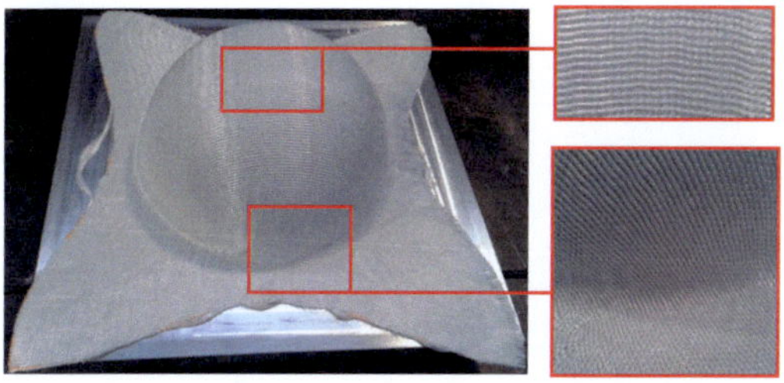

Abbildung 6.10: Drapierung des Referenzmaterials MLG-V1a über einer Halbkugel

6.2 Bauteilherstellung

Tabelle 6.3: Überblick der Preform-Varianten

Preform-Variante	Formgestrickt	Konfektioniert	Drapiert
Viertel	x	x	
Viertel-Diagonal		x	
Halb	x		
Halb-Diagonal			
Voll	x		x

Die Tabelle 6.3 gibt einen Überblick über die zur Bauteilherstellung eingesetzten Preform-Varianten. Durch die notwendige Konturergänzung beim Formstricken (vgl. Kapitel 5.2.3) ergeben sich die Unterschiede zwischen *Viertel* und *Viertel-Diagonal* nur durch die Anordnung im Bauteil und die über dem Lagenaufbau entstehende Positionierung der Stoßstellen. Gleiches gilt auch für die Varianten *Halb* und *Halb-Diagonal*.

Tabelle 6.4: Bauteil-Varianten und deren Lagenaufbau

Bauteil-Variante		**Lage 1 (innere)**	**Lage 2 (mittlere)**	**Lage 3 (äußere)**	**Versatz der Stoßstelle**	**Stoßstellen pro Lage**	**Masse (g)**
Formgestrickt	A	Viertel	Viertel	Viertel	0°	4	777,7
	B	Viertel	Viertel-Diagonal	Viertel	0°	4	777,6
	C	Halb	Halb	Halb	0°	2	761,1
	D	Halb	Halb-Diagonal	Halb	0°	2	761,2
	E	Voll	Voll	Voll	120°	1	791,5
Konfektioniert	F	Viertel	Viertel	Viertel	0°	4	743,5
	G	Viertel	Viertel-Diagonal	Viertel	0°	4	757,2
Drapiert	H	Voll	Voll	Voll	-	0	808,3

Der Vergleich von formgestrickten, konfektionierten und drapierten Varianten bei gleichem Lagenaufbau bzw. gleicher Lagenanzahl bietet die Chance, Erkenntnisse über den Einfluss der Stoßstellen bzw. der Fadenorientierung zu gewinnen.

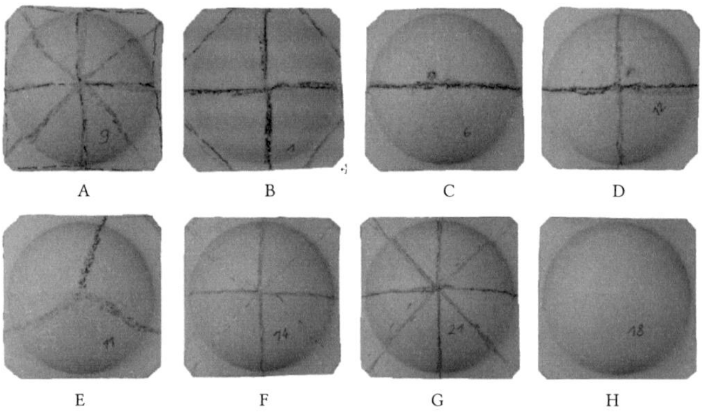

A B C D

E F G H

Abbildung 6.11: GF/PP-Halbkugeln

Nach der Preformfertigung und dem Lagenaufbau (3 Lagen) werden die experimentell zu prüfenden HGTT-Verbundbauteile im Hochleistungsautoklaven des ILK der TUD gefertigt [HA]. Die produzierten Bauteilvarianten sind in Tabelle 6.4 dokumentiert und in Abbildung 6.11 exemplarisch dargestellt.

Ein wesentliches Ziel der Druckprüfung besteht darin, festzustellen, ob der Einfluss einer belastungsgerechten Fadenorientierung der formgestrickten Varianten nachweisbar ist.

6.3 Bauteilprüfung

Die Prüfung erfolgt an der Zugprüfmaschine Z100 (Nennlast 100 kN) der Zwick GmbH & Co. KG. Zur bauteilangepassten Prüfung wird eine Vorrichtung gefertigt (Abb. 6.12), mit der eine vertikale Druckbeanspruchung realisiert werden kann.

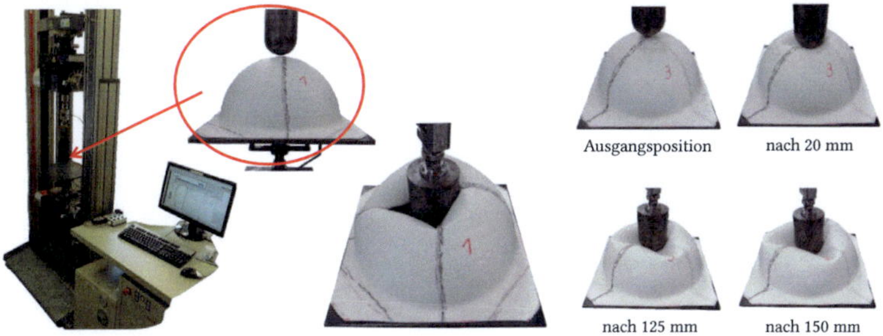

Abbildung 6.12: Vorrichtung zur Druckprüfung

Da die Herstellung der Thermoplastbauteile aufgrund des benötigten Werkzeuges und der Kosten für die Autoklavfahrten sehr aufwendig ist, konnten für jede Variante nur max. 4 Bauteile hergestellt werden, so dass die statistische Sicherheit leider nur im Ansatz gewährleistet ist. Die Abbildung 6.13 zeigt alle Messkurven auf einen Blick. Bereits hier ist zu erkennen, dass die blauen Messkurven (Variante E - *Voll formgestrickt*) die größten Kräfte aufnehmen.

Für eine detaillierte Auswertung sind Teilbetrachtungen erforderlich. In Abbildung 6.14 sind die Ergebnisse der Druckprüfung für alle Bauteil-Varianten bis zu einem Verfahrweg von 10 mm (links) bzw. 40 mm (rechts) dargestellt, um die Unterschiede zwischen den formgestrickten und den konfektionierten sowie den drapierten Verstärkungen zu verdeutlichen. Es zeigt sich, dass bei allen formgestrickten Preforms (A - E) die Druckfestigkeit im Bereich bis zu 4 mm bzw. 8 mm Verfahrweg deutlich höher liegt als die der konfektionierten Varianten F und G bzw. der drapierten Variante H.

Die Variante E (*voll formgestrickt* mit Versatz der Stoßstelle im Lagenaufbau) nimmt erwartungsgemäß die höchsten Druckkräfte auf. Dies beweist die Sinnfälligkeit der Ausrichtung der Verstärkungsfäden in radialer Richtung und Umfangsrichtung durch das Formstricken. Die Varianten A/B (*Viertel formgestrickt*) und F/G (*Viertel konfektioniert*) besitzen jeweils 4 Stoßstellen pro Lage und unterscheiden sich allein durch den Versatz der Stoßstellen. Der negative Einfluss der übereinanderliegenden Stoßstellen der Variante A ist deutlich sichtbar. Diese Schwachstellen können durch den Versatz der Stoßstellen zwischen den Lagen und/oder die Minimierung der Stoßstellen (Variante D) kompensiert werden. Die Stoß-an-Stoß Positionierung über den Lagenaufbau hinweg muss besonders bei formgestrickten Varianten vermieden

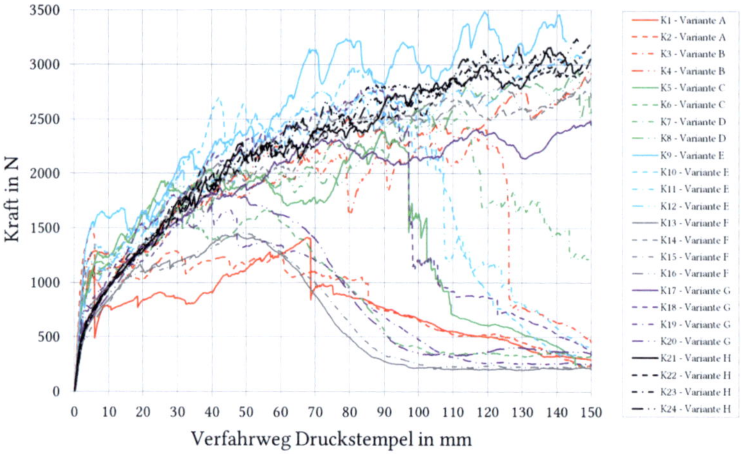

Abbildung 6.13: Druckkraftverlauf der GF/PP-Halbkugeln

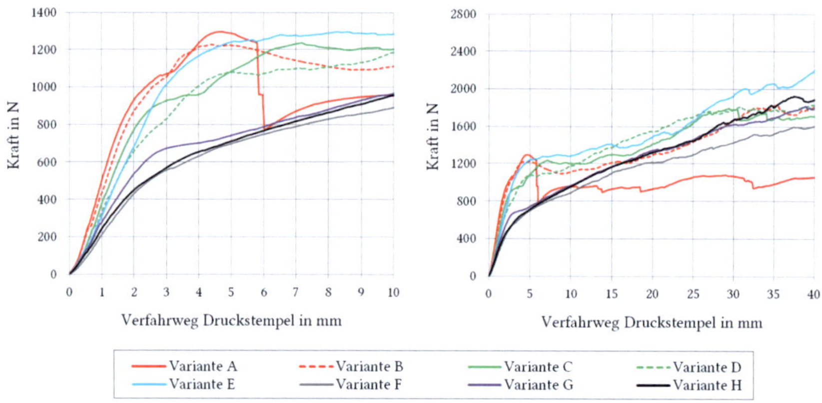

Abbildung 6.14: Druckkraftverlauf (Mittelwerte) aller Varianten bis 40 mm Verfahrweg

werden. Die Auswirkungen derartiger Schwachstellen zeigen sich im frühzeitigen Versagen der GF/PP-Halbkugeln (Abb. 6.15).

Auch nach dem ersten Bruch können die FVK-Bauteile noch erhebliche Druckkräfte aufnehmen. Während die Druckfestigkeit der drapierten Variante H zu Beginn der Beanspruchung deutlich niedriger ist, macht sich im weiteren Prüfverlauf das Fehlen der Stoßstellen positiv bemerkbar. Hier erweist sich nur die formgestrickte Variante E als überlegen.

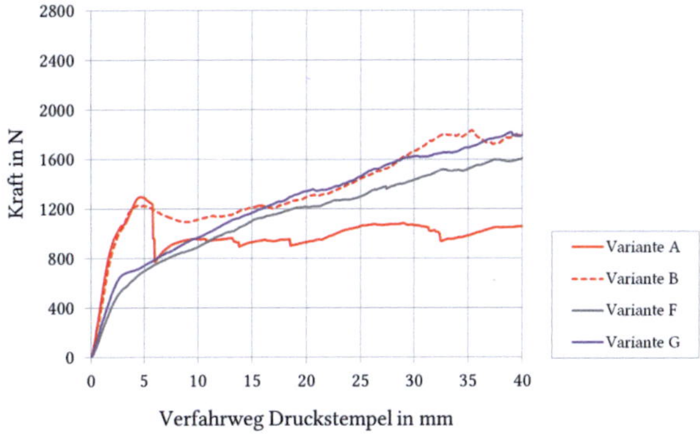

Abbildung 6.15: Vergleich Variante A/B (*Viertel formgestrickt*) und F/G (*Viertel konfektioniert*)

Die Formgebung der zur Bauteilprüfung verwendeten formgestrickten Varianten *Halb/Voll* erfolgte noch ohne den Einsatz mehrerer Fadenführer (vgl. Kapitel 5.2.3), so dass künftig die Schwachstellen am oberen Punkt der Halbkugel (entsprechend der Einspannung) besser vermieden werden können.

Anhand der Ergebnisse kann der Konstrukteur anwendungsgerechte Festlegungen zur Auswahl geeigneter stricktechnischer Herstellungsmöglichkeiten treffen.

Da der Druckstempel nur eine kleine Auflagefläche besitzt, ist der Effekt der weiter außen liegenden Verstärkungsfäden deutlich geringer. Um weitreichendere Untersuchungsergebnisse zu erhalten, muss die Prüfvorrichtung künftig überarbeitet werden. Eine rechteckige Druckplatte, deren Seitenlängen mindestens dem Radius der Halbkugel entsprechen, ist wahrscheinlich deutlich besser geeignet, um die Auswirkungen unterschiedlicher Verstärkungsfadenorientierung ermitteln zu können.

7 Zusammenfassung und Ausblick

Faserverbundwerkstoffe kommen im Leichtbau immer häufiger zur Anwendungen. Im Rahmen des SFB 639 werden die Möglichkeiten der neuen Werkstoffgruppe der Hybridgarn-Textil-Thermoplaste untersucht.

Die vorliegende Arbeit beschäftigt sich mit der Erarbeitung einer vollständigen Prozesskette für die Herstellung von form- und beanspruchungsgerechten biaxial verstärkten 3D-MLG auf modifizierten Biaxialflachstrickmaschinen. Im Untersuchungsfall werden zur Realisierung der komplexen 3D-Preformgeometrien die Formgebungsmöglichkeiten der Flachstricktechnik eingesetzt, um durch diese Art des Direktpreformings eine deutliche Reduzierung des Fertigungsaufwands und eine Verbesserung der Reproduzierbarkeit bei der Preformherstellung zu erreichen.

Ausgangspunkt für die Erarbeitung einer digitalen Prozesskette sind die CAD-Daten der Bauteile. Deren komplexe, häufig doppelt gekrümmte Oberflächen müssen zunächst durch eine geeignete Anordnung von Teilungslinien, die die Krümmungsverläufe der Geometrien beachten, in 2D-Abwicklungskonturen überführt werden. Diese sollen möglichst nur geringe Verzerrungen aufweisen. Die entstehenden Konturverläufe werden mit Hilfe der Biaxialflachstricktechnik so verbunden, dass die gewünschte 3D-Form unter Berücksichtigung der geforderten Verstärkungsfadenorientierung realisiert werden kann. Da sich durch die Verarbeitung des spröden Fadenmaterials (GF/PP-HG) und die angestrebte biaxiale Verstärkung in einem Verhältnis von 1:1 Restriktionen hinsichtlich der anwendbaren Formgebungstechnik ergeben, muss aus der Vielzahl der möglichen Abwicklungskonturen eine zur stricktechnischen Umsetzung geeignete Variante ausgewählt werden. Dazu werden Bewertungskriterien vorgeschlagen. Die Formgebung kann durch strukturelle Variationen und/oder die Variation der Maschenanzahl in Maschenreihen- bzw. Maschenstäbchenrichtung erfolgen.

Die computergestützt ermittelte Abwicklungskontur wird mittels *MATLAB* in eine Gestrickkontur überführt, die die Maschinenfeinheit und Schussfadendichte berücksichtigt. Hierzu werden die benötigten Algorithmen entwickelt. Dieser Gestrickkontur müssen durch Softwareunterstützung bindungstechnische und maschinenseitige Informationen zugeordnet werden.

Um die benötigten Softwarelösungen effektiv kombinieren zu können, ist die Schaffung passfähiger Schnittstellen zur Datenübergabe wesentlich. Die hierbei aufgetretenen Probleme sowie deren Lösungen werden eingehend vorgestellt. Zur Realisierung einer digitalen Prozessketten werden gegenwärtig mehrere Softwarelösungen benötigt. Für den industriellen Einsatz ist es deshalb notwendig, weitere Verbesserungen an den Schnittstellen vorzunehmen, um zu einer Reduzierung des softwaretechnisches Aufwandes zu gelangen.

Zur Validierung der digitalen Prozesskette werden Funktionsmuster und Demonstratorgeometrien hergestellt. Dies geschieht zunächst unter Anwendung eines konventionellen Abzuges. Da dieser ein gleichmäßiges Abziehen des Formgestricks über der Gestrickbreite bewirkt, ist trotz der angewandten Formgebungstechniken ein erheblicher Nachdrapieraufwand notwendig.

Mit der Anwendung des segmentierten Abzuges kann die nachträglich erforderliche Drapierung stark eingeschränkt werden. Dazu müssen die Abzugswege aller beteiligten Segmentachsen, bezogen auf eine Maschenreihe und das einzelne Abzugssegment, computergestützt ermittelt und vorgegeben werden. Das Abarbeiten der Programmschritte gemäß Abzugstabelle erfolgt in Abhängigkeit der Schlittenposition. Die gewünschte 3D-Preform kann je nach der Komplexität der Geometrie nahezu direkt aus der Biaxialflachstrickmaschine entnommen werden.

Anhand der umfangreichen experimentellen Untersuchungen werden die erzielte Qualität bezüglich der Verstärkungsfadenanordnung und der Formgenauigkeit ermittelt sowie Beschädigungen erfasst. Zur stricktechnischen Realisierung starker Krümmungen oder Krümmungsänderungen reicht der Einsatz eines segmentierten Abzuges jedoch nicht aus. Unterschiedliche Kettfadenlängen müssen durch einen Kettfadenförderer bereitgestellt werden. Die maschinen- und softwareseitige Abstimmung des segmentierten Abzuges und des Kettfadenförderers wird dazu exemplarisch an der Halbkugel und der Säule des FiF erprobt sowie in die simulations- und fertigungstechnische Prozesskette eingebunden. Ist die Übereinstimmung nicht hinreichend gewährleistet, werden das Strickprogramm und die damit gekoppelte lokale Abzugseinstellungen und die Fadenzuführung überarbeitet.

Bei den betrachteten Demonstratoren verbleibt trotz der near-net-shape Fertigung ein geringer Aufwand zur Nachdrapierung im Anschluss an die stricktechnische Fertigung.

Um künftig eine konturgenaue, reproduzierbare Herstellung komplexer, gekrümmter Preforms mit belastungsgerechter Verstärkung ohne Trial und Error gewährleisten zu können, werden die bisher erzielten Erkenntnisse durch die Fertigung von weiteren Demonstratorgeometrien des FiF (Säule, Radkasten - Abb. 7.1) bestätigt und gegebenenfalls überarbeitet. Die Formgebung wird dabei mit Hilfe der Biaxialstricktechnik in Verbindung mit dem segmentierten Abzug und dem Kettfadenförderer ausgeführt. Ziel ist es, die stricktechnischen und maschinentechnischen Parameter geometrie- und materialabhändig so festzulegen, dass eine hohe Prozesssicherheit und eine effektive Preformherstellung erzielt werden kann. Dazu werden für den Stricker umfangreiche Datenblätter und Softwareroutinen zur Verfügung gestellt. Am Institut für Werkzeugmaschinen und Steuerungstechnik (IWM) der TUD wird ein zentrales datenbankgestütztes Modellierungs- und Simulationswerkzeug für HGTT-Verbundbauteile erarbeitet, in dem alle Prozessparameter der stricktechnischen Fertigung und Konsolidierung der Demonstratorgeometrien hinterlegt sind.

Für die in dargestellte Säule sind die stricktechnischen Arbeiten bereits abgeschlossen (Abb. 7.2), die Konsolidierung und Geometrieüberprüfung erfolgen derzeit.

Eine besondere Herausforderung besteht in der Einhaltung der unterschiedlichen Breiten und Krümmungen für die Profilstruktur der Säule und dem krümmungsabhängigen Verlauf der

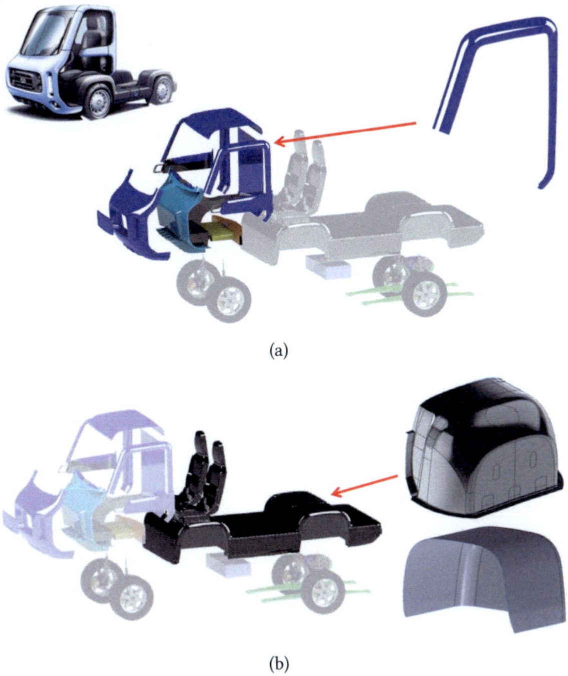

Abbildung 7.1: FiF-Baugruppe (Kabine und Unterboden) [Pos], textiltechnisch zu fertigende Komponenten: (a) Säule; (b) Radkasten (formgestrickt)

Verstärkungsfäden des Biaxialgestricks. Da hier ein 12-lagiger Aufbau erforderlich ist, wird die Geometrieveränderung aufgrund der Lagendicke beachtet.

Wie bereits ausgeführt, ist es für komplexe Bauteilgeometrien maschinentechnisch und programmierungsseitig sehr anspruchsvoll, 3D-Preforms in einem Fertigungsschritt auf der Biaxialflachstrickmaschine herzustellen. Es wird deshalb anhand von Preformvarianten für die Halbkugel untersucht, inwieweit sich textiltechnische und konfektionstechnische Formgebungsmöglichkeiten ergänzen können, um zu einer effizienten Preformfertigung zu gelangen. Bei konfektionstechnischen Gestaltungsvarianten lässt sich eine „ideale" Fadenorientierung in der Regel nur mit einer erhöhten Zuschnittsanzahl erreichen. Dies führt zu einem erheblichem Aufwand beim Handling und dem Preformaufbau.

Bei einer Belastung der Halbkugel in Form einer vertikalen Druckbeanspruchung resultiert aus der strukturmechanischen Auslegung die Vorgabe der optimalen Verstärkungsfadenorientierung in radialer und Umfangsrichtung.

Mit den Ergebnissen der Druckprüfung kann einerseits der starke Einfluss der Verstärkungs-

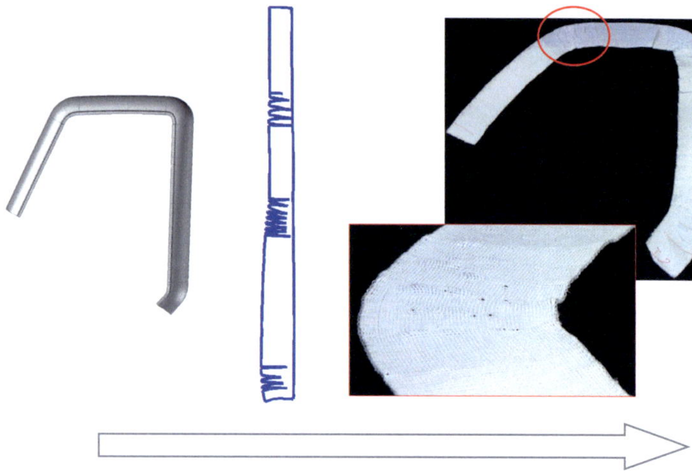

Abbildung 7.2: Prozesskette Säule

fadenorientierung auf die mechanischen Verbundeigenschaften nachgewiesen werden. Andererseits wird gezeigt, dass sich durch die Kombination der stricktechnischen und konfektionstechnischen Formgebungsmöglichkeiten ein effizientes form- und belastungsgerechtes Preformdesign realisieren lässt. Eine frühzeitige simulationsgestützte Auslegung ist somit unbedingt zu empfehlen.

Der im Rahmen der Arbeit konzipierte Druckprüfversuchstand muss künftig dahingehend überarbeitet werden, dass die Druckkraft über einen, den Prüfkörperabmessungen entsprechenden, ebenen Druckstempel aufgebracht wird, um auch bei größeren Verfahrwegen verwertbare Messwerte zu erhalten.

Die Ergebnisse der Arbeit bilden eine wertvolle wissenschaftliche Grundlage, um die Preformentwicklung für das Direktpreforming mittels Biaxialflachstricktechnik auf Basis einer digitalen Prozesskette vornehmen zu können. Um zu vergleichen, ob die Simulationsresultate mit den experimentellen Ergebnissen übereinstimmen, kann die Fadenorientierung künftig prüftechnisch mittels optischer Messverfahren erfasst und virtuell verglichen werden.

Liegen die beschriebenen softwareseitigen und maschinentechnischen Voraussetzungen vor, können 3D-Preforms in der benötigten Qualität gefertigt werden, wobei die Produktivität der stricktechnischen Fertigung beim Einsatz spröder Fadenmaterialien und einer Biaxialverstärkung für FKV-Anwendungen noch deutlich verbessert werden muss. Weiterführende Forschungsarbeiten werden sich darauf konzentrieren.

Literaturverzeichnis

[AAB04] A. Arnold, P. Artzt and D. Betz. Neues Verfahren zur Hybridgarnherstellung aus Filament- und Stapelfasern. *Technische Textilien/Technical Textiles*, 47(2):72–75, 2004.

[AFH04] M. d. Araújo, R. Fangueiro and H. Hu. Fibrous Reinforcements for Composite Materials: Producing and Modelling. *Materials Science Forum*, 455-456:787–791, 2004.

[AHDC09] M. Abounaim, G. Hoffmann, O. Diestel and Ch. Cherif. Development of flat knitted spacer fabrics for composites using hybrid yarns and investigation of two-dimensional mechanical properties. *Textile Research Journal*, 79(7):596–610, 2009.

[AHDC10] M. Abounaim, G. Hoffmann, O. Diestel and Ch. Cherif. Thermoplastic composite from innovative flat knitted 3d multi-layer spacer fabric using hybrid yarn and the study of 2d mechanical properties. *Composites Science and Technology*, 70(2):363–370, 2010.

[AK11] F. Adam and P. Kostka. Entwicklung textilverbundgerechter Bauweisen und Integration von funktionalen Schnittstellen, TP E1. In *Ausführliche Bechreibung zum Forschungsantrag TP E1 im Rahmen des SFB 639 - Textilverstärkte Verbundkomponenten für funktionsintegrierende Mischbauweisen bei komplexen Leichtbauanwendungen 2012-2015*. TU Dresden, 2011.

[Bad07] S. S. Badawi. *Development of the Weaving Machine and 3D Woven Spacer Fabric Structures for Lightweight Composites Materials*. PhD thesis, Technische Universität Dresden, 2007.

[Bil13] K. Bilisik. Three-dimensional braiding for composites: A review. *Textile Research Journal*, 83(13):1414–1436, 2013.

[CDO02] H. Cebulla, O. Diestel and P. Offermann. Fully Fashioned Biaxial Weft Knitted Fabrics. *AUTEX Research Journal*, 2(1), 2002.

[Ceb06] H. Cebulla. *Formgerechte zwei- und dreidimensionale Mehrlagengestricke mit biaxialer Verstärkung: Entwicklung von Maschine, Technologie und Produkten*. PhD thesis, Technische Universität Dresden, 2006.

[Che99] Ch. Cherif. *Drapierbarkeitssimulation von Verstärkungstextilien für den Einsatz in Faserverbundwerkstoffen mit der Finite-Elemente-Methode*. PhD thesis, RWTH Aachen, 1999.

[Che11] Ch. Cherif. *Textile Werkstoffe für den Leichtbau: Techniken-Verfahren-Materialien-Eigenschaften.* ISBN 978-3-642-17991-4. Springer Verlag, 2011.

[Che13] Ch. Cherif. *Leichtbau mit Textilverstärkung für Serienanwendungen: Bindermaterialien-Textile Preforms-Verbundbauteile (Buch zum DFG-AiF-Clustervorhaben-Leichtbau und Textilien).* ISBN 978-3-942267-81-6. Verlag Wissenschaftliche Scripten, 2013.

[Cho05] B. D. Choi. *Entwicklung von Commingling-Hybridgarnen für faserverstärkte thermoplastische Verbundwerkstoffe.* PhD thesis, Technische Universität Dresden, 2005.

[CK11] Ch. Cherif and S. Krzywinski. Mehraxial verstärkte Gestricke mit hoher Lagenanzahl für thermoplastische Mischverbunde, TP A2. In *Ausführliche Bechreibung zum Forschungsantrag TP A2 im Rahmen des SFB 639 - Textilverstärkte Verbundkomponenten für funktionsintegrierende Mischbauweisen bei komplexen Leichtbauanwendungen 2012-2015.* TU Dresden, 2011.

[CKD+12] Ch. Cherif, S. Krzywinski, O. Diestel, Ch. Schulz, P. Klug, H. Lin and W. Trümper. Development of a process chain for the realization of multilayer weft knitted fabrics showing complex 2D/3D geometries for composite applications. *Textile Research Journal*, 82(12):1195–1210, 2012.

[CKL+13] Ch. Cherif, S. Krzywinski, H. Lin, Ch. Schulz and G. Haasemann. New process chain for realization of complex 2D/3D weft knitted fabrics for thermoplastic composite applications. *Procedia Materials Science*, 2:111–129, 2013.

[DIN90] DIN62050, Teil 1: Gewirke und Gestricke - Einfadengewirke und -gestricke, Begriffe und zeichnerische Darstellung, 1990.

[DO04] O. Diestel and P. Offermann. Bi- und multiaxial verstärkte Mehrlagengestricke für Faserverbundwerkstoffe. In *10. Nationales Symposium SAMPE Deutschland e. V., Impulse für die Faserverbundtechtechnologie*, 2004.

[Dre92] K. Drechsler. *Beitrag zur Gestaltung und Berechnung von Faserverbundwerkstoffen mit dreidimensionaler Textilverstärkung.* PhD thesis, Universtität Stuttgart, 1992.

[EE07] P. Ermanni and A. Endruweit. *Composites Technlogien*, chapter Textile Halbzeuge, pages 1–44. Eidgenössische Technische Hochschule Zürich, 2007.

[FMGS12] J. Filsinger, F. Maidl, A. Gessler and M. Schouten. EP 2 046 564 B1: Verfahren zur Herstellung von mehreren Faserverbundbauteilen, Patenterteilung: 25.04.2012.

[GDO98] U. Godou, O. Diestel and P. Offermann. Biaxially Reinforced Multilayer Knit Fabrics for Plastic Reinforcement. *Technische Texlien/Technical Textiles*, 41(6):202–204, 1998.

[Gir11] L. Girdauskaite. *Lokale Strukturfixierung im Preformherstellungsprozess für komplex gekrümmte Faserkunststoffverbundbauteile.* PhD thesis, Technische Universität Dresden, 2011.

[GK03] T. Gries and A. Kolkmann. Garnentwicklung zur zielgerichteten Beeinflussung der mechanischen Garn-Charakteristik. In *2nd Colloquium on textile Reinforced Structures (RTRS2)*, pages 36–43, Dresden, 2003.

[Hö94] K. Hörsting. *Rationalisierung der Fertigung langfaserverstärker Verbundwerkstoffe durch den Einsatz multiaxialer Gelege.* PhD thesis, RWTH Aachen, 1994.

[Hö96] K. Hörsting. Multiaxialegelege für eine rationelle Composite-Fertigung. In *35. Internat. Chemiefasertagung*, Dornbirn (Österreich), 1996.

[HA] Hochleistungs-Autoklav. Technische Ausstattung am Institut für Leichtbau und Kunststofftechnik, Technische Universität Dresden, http://www.tu-dresden.de/mw/ilk/, 2014-11-10.

[Hau10] J. Hausding. *Multiaxiale Gelege auf Basis der Kettenwirktechnik - Technologie für Mehrschichtverbunde mit variabler Lagenanordnung.* PhD thesis, Technische Universität Dresden, 2010.

[HBOC06] P. Haller, T. Birk, P. Offermann and H. Cebulla. Fully fashioned biaxial weft knitted and stitch bonded textile reinforcements for wood connections. *composites part b: engineering*, 37(4-5):278–285, 2006.

[HKRG06] V. Hanisch, A. Kolkmann, A. Roye and T. Gries. Influence if machine setting on mechanical performance of yarn and textile structures. In *1st International RILEM Symposium*, pages 13–22, Aachen, 2006.

[Huf07] W. Hufenbach. *Textile Verbundbauweisen und Fertigungstechnologien für Leichtbaustrukturen des Maschinen- und Fahrzeugbaus.* SPP 1123, Dresden, ISBN 978-3-00-022109-5, 2007.

[ISO] ISO/DIS 8388 E/F: Knitted Fabrics - Types - Vocabulary.

[Kö03] Th. Körwien. *Konfektionstechnische Verfahren zur Herstellung von endkonturnahen Vorformlingen zur Herstellung von Schalensegmenten.* PhD thesis, Universität Bremen, 2003.

[KFNH04] O. A. Khondker, T. Fukui, A. Nakai and H. Hamada. Initial fracture of the welt weft-knitted textile composites. *Composites Part A: Applied Science and Manufacturing*, 35(10):1185–1194, 2004.

[KG] Firma Zwick GmbH & Co. KG. http://www.zwick.de/de.html, 2014-09-14.

[KLBK14] S. Krzywinski, H. Lin, D. Branke and M. Kästner. Drapieren, textiltechnische 3D-Formgebung oder Konfektion - Ergebnisse theoretischer und experimenteller Untersuchungen am Beispiel eines druckbelasteten FVK-Bauteiles als Entscheidungshilfe zur faserverbundgerechten Konstruktion. In *Tagungsband zur 14. Chemnitzer Textiltechnik-Tagung Mehrwert durch Textiltechnik*, Chemnitz, 2014.

[Klu14] P. Klug. Kettfadenförderer Konstruktionsskizze, unveröfftlicht. 2014.

[Kri] A. Kristian. Künstliche neuronale Netze in C#. http://www.codeplanet.eu/, 2014-11-29.

[Krz05] S. Krzywinski. *Verbindung von Design und Konstruktion in der textilen Konfektion unter Anwendung von CAE.* ISBN 3-938863-10-2. TUDpress Verlag der Wissenschaften GmbH Dresden, 2005.

[KU11] M. Kästner and V. Ulbricht. Berechnung von komplexen, gekrümmten Sandwichstrukturen mit großen substrukturellen Steifigkeitsunterschieden, TP C2. In *Ausführliche Bechreibung zum Forschungsantrag TP C2 im Rahmen des SFB 639 - Textilverstärkte Verbundkomponenten für funktionsintegrierende Mischbauweisen bei komplexen Leichtbauanwendungen 2012-2015.* TU Dresden, 2011.

[KW09] A. D. Kelkar and J. D. Whitcomb. Characterization and Structural Behavior of Braided Composites. Technical report, Department of Mechanical Engineering North Carolina A&T State University, Department of Aerospace Engineering Texas A&M University, 2009.

[Lec] Firma Lectra. http://www.lectra.com, 2014-10-11.

[LK14] H. Lin and S. Krzywinski. 3D multilayer knitted preforms for composite applications with load adapted thread orientation. In *14th AUTEX World Textile Conference*, Bursa, 2014.

[LKDH10] H. Lin, S. Krzywinski, O. Diestel and G. Haasemann. Process development from complex 3d geometry to flat knitted pattern with reinforced fibres. In C. Binetruy and F. Boussu, editors, *Proceedings of the 10th International Conference on Textile Composites - Recent Advances in Textile Composites.* DEStech Publications, Inc., 2010.

[LKH$^+$11] H. Lin, S. Krzywinski, G. Haasemann, H. Rödel, O. Diestel and Ch. Cherif. Fabrication of a cabin carrier made of textile-reinforced thermoplastic composites with a design of high load-bearing capacity. In *Techtextil-Symposium 2011*, Frankfurt a. M., 2011.

[Man07] H. Mankodi. Hybrid yarns for thermoplastic composites. *Journal of the Textile Association*, 66(1):9–14, 2007.

[MAT] MATLAB. http://www.mathworks.de/products/matlab/, 2014-09-07.

[MBFL99] A. P. Mouritz, M. K. Bannister, P. J. Falzon and K. H. Leong. Review of applications for advanced three-dimensional fibre textile composites. *Composites Part A: Applied Science and Manufacturing*, 30(12):1445–1461, 1999.

[MG13] P. Ma and Z. Gao. A review on the impact tension behaviors of textile structural composites. *Journal of Industrial Textiles*, pages 1–33, 2013. doi: 10.1177/1528083713503001.

[MHC11] A. Mountasir, G. Hoffmann and Ch. Cherif. Development of Weaving Technology for Manufacturing three-dimensional Spacer Fabrics with High-Performance Yarns for Thermoplastic Composite Applications: An Analysis of two-dimensional Mechanical Properties. *Textile Research Journal*, 81(13):1354–1366, 2011.

[NM04] M. Neitzel and P. Mitschang. *Handbuch Verbundwerkstoffe (Werkstoffe, Verarbeitung, Anwendung).* München - Wien: Carl Hanser Verlag, 2004.

[OD00] P. Offermann and O. Diestel. Biaxial verstärkte Mehrlagengestricke für endlosfaserverstärkte Thermoplastbauteile. In *Mitteilungen des Institut für Textil- und Bekleidungstechnik, TU Dresden*, volume 1, page 5, 2000.

[ODMH02] P. Offermann, D. Diestel, E. Mäder and T. Hubner. Development of Commingling Hybrid Yarns for Thermoplastic Composites. *Technical Textiles/Technische Textilien*, 45(1):12–14, 2002.

[Off05] P. Offermann. Lehrveranstaltung: Verfahren und Maschinen der Textiltechnik. Institut für Textilmaschinen und Textile Hochleistungswerkstofftechnik, tu dresden, 2005.

[OHE94] P. Offermann, G. Hoffmann and U. Engelmann. DE 4419985C2. Mehrlagengestrick und Verfahren zu seiner Herstellung, 1994.

[Ora06] S. Orawattanasrikul. *Experimentelle Analyse der Scherdeformationen biaxial verstärkter Mehrlagengestricke.* PhD thesis, Technische Universität Dresden, 2006.

[OTM77] P. Offermann and H. Tausch-Marton. *Grundlagen der Maschenwarentechnologie.* Fachbuchverlag Leipzig, 1977.

[OWF03] P. Offermann, I. Wünsch and S. Finkelmeyer. *Verfahren und Maschinen der Textiltechnik - 9. Studienanleitung (Bindungen und Muster der Strickerei und Wirkerei).* 2003.

[Pos] N. Poschwatta. http://www.nilsposchwatta.de/, 2014-11-23.

[Raz93] S. Raz. *Flat Knitting Technology.* ISBN 3-87525-054-0. Westhausen: C. F. Rees, 1993.

[RV04] A. Ramasamy and O. Vinayak. Commingled and Air Jet-textured Hybrid Yarns for Thermoplastic Composites. *Journal of Industrial Textiles*, 33:223–243, 2004.

[Sch05] H. Schürmann. *Konstruieren mit Faser-Kunststoff-Verbunden.* ISBN 3-540-40283-7. Springer Verlag, 2005.

[Sch13] Ch. Schulz. *Entwicklung einer Technologie für die Herstellung textiler Halbzeuge für thermoplastische Verbundwerkstoffe auf Basis der Mehrlagenflachstricktechnik.* PhD thesis, Technische Universtität Dresden, 2013.

[SFB] SFB639. Textilverstärkte Verbundkomponenten für funktionsintegrierende Mischbauweisen bei komplexen Leichtbauanwendungen, http://www.tu-dresden.de/forschung/forschungskompetenz/sonderforschungsbereiche/sfb639, 2014-10-09.

[Sha] Shaped knitwear, www.balmoralknitwear.biz, 2014-11-23.

[SL12] Ch. Schulz and H. Lin. Neuartiger 3D-MLG Gestrickabzug zur Herstellung komplexer Preforms/New 3D take-down system for knitting complex preforms. In *Jahresbericht des Institutes für Textilmaschinen und textile Hochleistungswerkstofftechnik der TU Dresden 2012*. Technische Universität Dresden, 2012.

[Son14] J. Song. Untersuchungen zur Herstellung von beanspruchungs- und formgerechten Preforms für komplexe Bauteilgeometrien mittels Flachstricktechnik. Master's thesis, Technische Universität Dresden, 2014.

[Spe01] D. J. Spencer, editor. *Knitting Technology - a comprehensive handbook and practical guide (Third edition)*. ISBN 1-85573-333-1. Woodhead Publishing Ltd., 2001.

[Ste] Steiger. http://www.steiger-textil.ch, 2014-10-21.

[Ste04] Steiger. Bedienungsanleitung aries.3; Version 04. Technical report, Vionnaz Schweiz, 2004.

[Tae06] J. Taesler. Systematische Untersuchung zur Herstellung von komplexen 3d-Textilpreformen mit der Mehrlagen-Flachstricktechnik. Master's thesis, Technische Universität Dresden, 2006.

[Tim10] H. Timm. Audi Leichtbau Kompetenz. In *14. Dresdner Leichtbausymposium*, 2010.

[Tru06] W. Truemper. Untersuchungen zur Herstellung von Preform aus biaxial verstärkten 3D-Mehrlagengestricken (MLG) für einen Faserverbund-Schüttgutbecher. Master's thesis, Technische Universität Dresden, 2006.

[Tru11] W. Truemper. Gestrickte Halbzeuge und Stricktechniken. In Ch. Cherif, editor, *Textile Werkstoffe für den Leichtbau*, pages 225–263. Springer Verlag, 2011.

[TWI] TWINTEX. http://www.fiberglassindustries.com/twintex.htm, 2014-11-10.

[Vaj01] S. Vajna. *Die neue Richtlinie VDI 2209, Praxiserprobte Hinweise zur 3D-Produktmodellierung*. VDI Berichte 1614. 2001.

[VKB03] A. W. V. Vuure, F. K. Ko, and C. Beevers. Net-Shape Knitting for Complex Composite Preforms. *Textile Research Journal*, 73:1–10, 2003.

[Wah11] A. Wahhoud. Neuartige Herstellung textiler Flächen durch Prozessintegration im Webvorgang. *Technische Texlien*, 4:195–199, 2011.

[Wal10] H. Wallentowitz. Automobile Mobilität in mehr als 20 Jahren?! In *Focus-Symposium - Auto der Zukunft, Bergisch Gladbach*, 2010.

[Wan13] M. Wang. Untersuchungen zur Herstellung von formgerechten, biaxial verstärkten Mehrlagengestricken für komplexe Bauteilgeometrien. Master's thesis, Technische Universität Dresden, 2013.

[Wee91] F. V. D. Weeén. Algorithms for draping fabrics on doubly-curved surfaces. *International Journal for Numerical Methods in Engineering*, 31(7):1415–1426, 1991.

[WS01] Y. Wang and X. Sun. Digital-element simulation of textile processes. *Composites Science and Technology*, 61:311–319, 2001.

[ZH07] T. Zhong and H. Hu. Formability of weft-knitted fabrics on a hemisphere. *AUTEX Research Journal*, 8(4):245–251, 2007.

[Zha08] N. Zhao. *Nähen als Montageverfahren textiler Preforms und Wirkungen der Nähte auf lokale mechanische Eigenschaften thermoplastischer Faserverbundwerkstoffe.* PhD thesis, Technische Universität Dresden, 2008.

[Zug97] DIN EN ISO 527-4: Bestimmung der Zugeigenschaften. Teil 4: Prüfbedingungen für isotrop und anisotrop faserverstärkte Kunststoffverbundwerkstoffe, 1997.

Abbildungsverzeichnis

Tabellenverzeichnis

Anhang

Anhang A

Geometriedaten

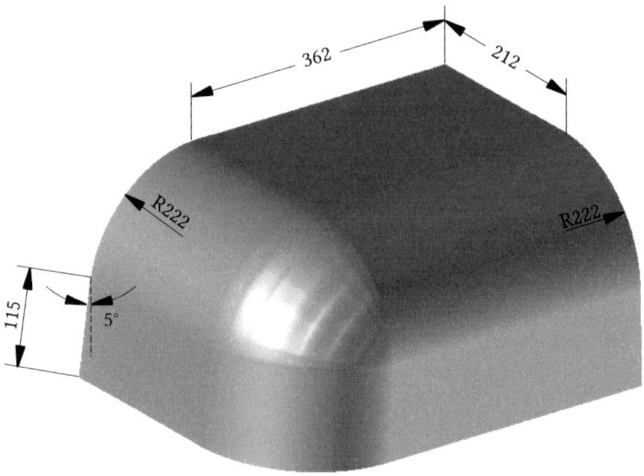

Referenzgeometrie: Eckverbinder (Maßangaben in mm)

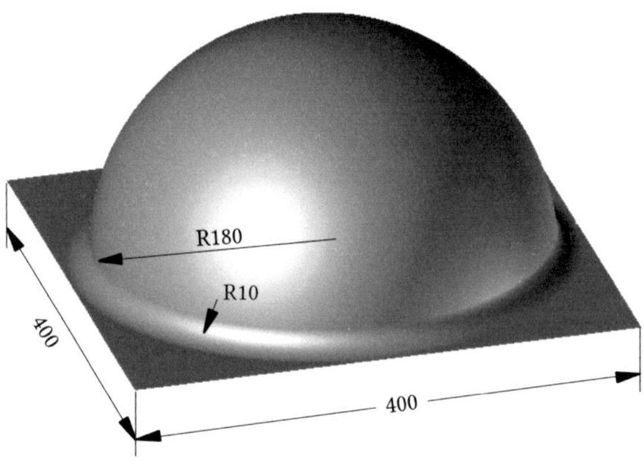

Referenzgeometrie: Halbkugel mit ebener Auflage (Maßangaben in mm)

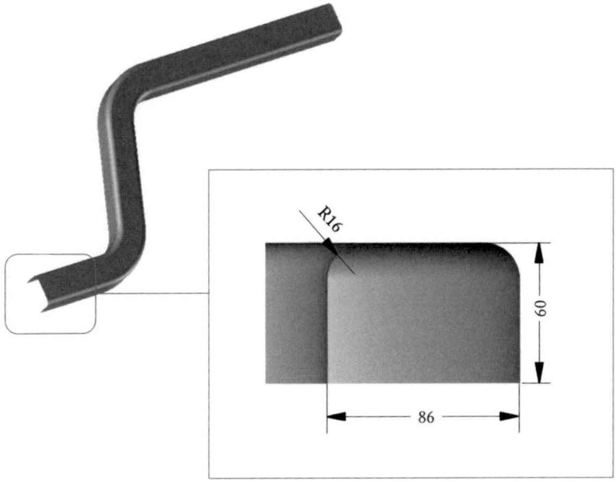

(a)

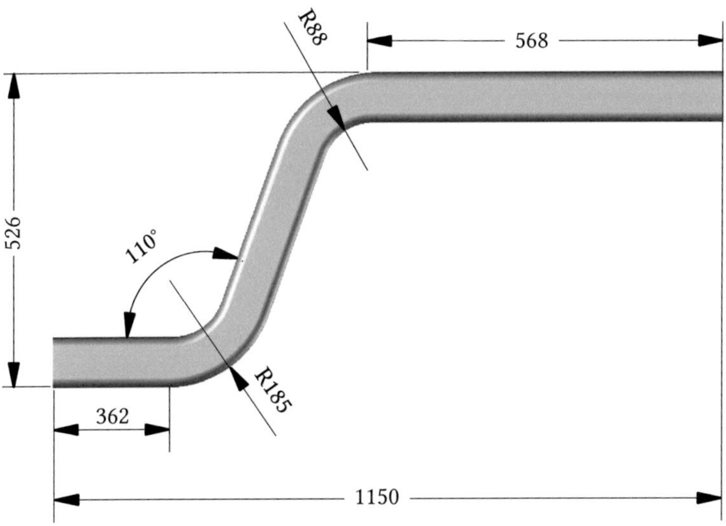

(b)

Demonstratorgeometrie: Kabinenträger (Maßangaben in mm)

Anhang B

MATLAB Programm für Konturberechnung

Hauptprogramm: HauptArbeit.m

```
clear all
close all
clf
clc

tic % Zeitmesser beginnt
load ( 'Arbeit' ); % Datei eingabe

%%% Vorbearbeiten originaler Daten %%%

%%% Auswahl entsprechender Daten %%%
length0 = length(Arbeit);
xa = 8 : 4 : length0 -3;
ya = 10 : 4 : length0-1;
ecke2 = Arbeit';
xb = ecke2(xa);
yb = ecke2(ya);

%%% Definition neuer Koordinaten %%%
xmin = min(xb);
ymin = min(yb);
x0 = xb'-xmin;
y0 = yb'-ymin;

%%% Ausdrucken originaler Kurve %%%
plot(x0,y0,'g-o','LineWidth',1,'Markersize',5)
xlabel('x'),ylabel('y');
hold on

%%% auf Maschendichtepassende Punkte verschieden %%%
x1 = x0;
y1 = y0;
genau_x = 25.4/7;      % Genauigkeit in x
genau_y = genau_x*2;   % Genauigkeit in y

%%% Koordinatenkorrigieren in x-Richtung %%%
for i = 1 : length(x0)
    if mod(x0(i),genau_x) > genau_x/2
       x1(i) = ceil(x0(i)/genau_x)*genau_x;
    else
       x1(i) = (ceil(x0(i)/genau_x)-1)*genau_x;
    end
end

%%% Koordinatenkorrigieren in y-Richtung %%%
for j = 1 : length(y0)
    if mod(y0(j),genau_y) > genau_y/2
       y1(j) = ceil(y0(j)/genau_y)*genau_y;
    else
       y1(j) = (ceil(y0(j)/genau_y)-1)*genau_y;
    end
end

%%% Löschen negativer Punkte %%%
for k = 1 : length(x1)
    if x1(k) < 0
        x1(k) = 0;
    elseif y1(k) < 0
```

```
        y1(k) = 0;
    end
end

%%% 1 Löschen der wiederholenden Punkte %%%
z1 = [x1 y1];
z1 = scWieder(z1);

%%% 2 Löschen der Innerpunkte der Strecke %%%
z2 = scInner(z1);

%%% 3 Löschen der Kreise %%%
z3 = scKreis(z2);

%%% 4 Löschen der Innerpunkte der Strecke %%%
z4 = scInner(z3);

%%% 5 Punktverschieben %%%
z5 = Pverschieben(z4);
z5 = scKreis(z5);

%%% Löschen der Innerpunkte der Strecke (möglich auftreten) %%%
z5 = scInner(z5);
x5 = z5(:,1);
y5 = z5(:,2);

%%% Löschen eine davon, wenn Start- und Endpunkt gleich sind %%%
ttt = length(y5);
if y5(1) == y5(ttt) && x5(1) == x5(ttt)
    x5(ttt) = [];
    y5(ttt) = [];
end
z5 = [x5 y5];

% plot(x5,y5,'b')

%%% Korrigieren, wenn nicht kontinuierlich %%%
rrt = x5*0;
for rrr = 1 : length(y5)-1
    if y5(rrr) ~= y5(rrr+1) && x5(rrr) ~= x5(rrr+1)
      rrt(rrr) = rrr;
    end
end

rrt(rrt<=0,:) = [];
rrp = [0; rrt];
ax = [rrt; x5]*0;
by = [rrt; y5]*0;
jishu = 0;
for ppt = 1 : length(rrp)-1
    jishu = jishu + 1;
    ax(rrp(ppt)+jishu:rrp(ppt+1)+jishu) =
        [x5(rrp(ppt)+1:rrp(ppt+1));x5(rrt(ppt))];
    by(rrp(ppt)+jishu:rrp(ppt+1)+jishu) =
        [y5(rrp(ppt)+1:rrp(ppt+1));y5(rrt(ppt)+1)];
end

ax(max(rrp)+jishu+1:length(ax)) = x5(max(rrp)+1:length(x5));
by(max(rrp)+jishu+1:length(by)) = y5(max(rrp)+1:length(y5));
zaus = [ax by];

%%% Ausgabe %%%

shuchu_x = round(ax*100)/100;
shuchu_y = round(by*100)/100;
shuchu_z = round(zaus*100)/100;

fidx = fopen('shuchu_x.txt','wt');
```

```
fprintf(fidx,'%g\n',shuchu_x);
fclose(fidx);

fidy = fopen('shuchu_y.txt','wt');
fprintf(fidy,'%g\n',shuchu_y);
fclose(fidy);

[m,n] = size(shuchu_z);
fidz = fopen('shuchu_z.txt','wt');
for mt = 1 : m
    for nt = 1 : n
        if nt == n;
        fprintf(fidz,'%g\n',shuchu_z(mt,nt));
        else
        fprintf(fidz,'%g\t',shuchu_z(mt,nt));
        end
    end
end
fclose(fidz);

%%% Ausdrucken des Ergebnisses %%%
for iii = 1 : length(ax)
plot(ax(iii),by(iii),'kd','Markersize',6,'MarkerFaceColor','r')
hold on
end

stairs(ax,by,'m-','Markersize',8)

toc % Zeitmesser beendet
```

Teilprogramm: scInner.m

```
function b = scInner(a)

x = a(:,1);
y = a(:,2);

t = length(x)-1;
ss = x*0;

for ii = 2 : t
   if y(ii) == y(ii-1) && y(ii) == y(ii+1);
      ss(ii) = 4;
   elseif x(ii) == x(ii-1) && x(ii) == x(ii+1);
      ss(ii) = 4;
   end
end

z= [x y];
z(ss>2,:)=[];
b = z;
```

Teilprogramm: scKreis.m

```
function b = scKreis(a)

x = a(:,1);
y = a(:,2);
z = [x y];
ss = x*0;

for ii = 2 : length(x)-2
```

```
    if y(ii) > y(ii-1) && y(ii+1) > y(ii+2) &&
     y(ii) == y(ii+1) && y(ii-1) == y(ii+2)
       ss(ii) = 4;
       ss(ii+1) = 4;
    elseif y(ii) < y(ii-1) && y(ii+1) < y(ii+2) &&
     y(ii) == y(ii+1) && y(ii-1) == y(ii+2)
       ss(ii) = 4;
       ss(ii+1) = 4;
    end
end

z(ss>=1,:)=[];
b = z;
```

Teilprogramm: scWieder.m

```
function b = scWieder(a)

x = a(:,1);
y = a(:,2);

ss = x*0;
for ii = 1 : length(x)-1
    if x(ii) == x(ii+1) && y(ii) == y(ii+1)
       ss(ii) = 4;
    end
end

z = [x y];
z(ss>2,:)=[];
b=z;
```

Teilprogramm: Pverschieben.m

```
function b = Pverschieben(a)

x = a(:,1);
y = a(:,2);

for ii = 2 : length(y) - 1
    if x(ii-1)~=x(ii) && y(ii-1) == y(ii)
        if y(ii) < y(ii+1)
           if x(ii) < x(ii+1)
               x(ii) = x(ii+1);
           elseif x(ii) > x(ii+1)
               x(ii+1) = x(ii);
           end
        elseif y(ii) > y(ii+1)
           if x(ii) < x(ii+1)
               x(ii) = x(ii+1);
           elseif x(ii) > x(ii+1)
               x(ii+1) = x(ii);
           end
        end
      elseif x(ii-1)==x(ii) && y(ii-1) ~= y(ii)
        if x(ii) < x(ii+1)
           if y(ii) < y(ii+1)
               y(ii+1) = y(ii);
           elseif y(ii) > y(ii+1)
               y(ii) = y(ii+1);
           end
        elseif x(ii) > x(ii+1)
```

```
            if y(ii) < y(ii+1)
                y(ii) = y(ii+1);
            elseif y(ii) > y(ii+1)
                y(ii+1) = y(ii);
            end
         end
     end
end

b = [x y];
```